口絵１　クンストカメラとも呼ばれる人類学民族学博物館．手前はネヴァ川．サンクトペテルブルクにて

口絵２　（左）動物学博物館の入口，（右）ネヴァ川にかかる宮殿橋と博物館

口絵３　ヘルシンキ港にあるマーケット広場．中央奥にウスペンスキー教会が見える

口絵 4　初めて出会ってから約 20 年後のステラーカイギュウ標本.
フィンランド国立自然史博物館にて

口絵 6　フィンランド国立自然史博物館．ヘルシンキにて

口絵 5　フィンランド国立自然史博物館入口に立つヘラジカ

口絵 7　北ユーラシアと北米に広く分布するヘラジカ．ムースとも呼ぶ．Sergei Strelanyi 氏提供

口絵 9　北海道とシベリアに広く分布するクロテン．知床博物館・村上隆広館長提供

口絵 8　結氷したボスニア湾．その上を車が走る

口絵 10　オウル大学の動物標本展示

口絵 11　北東ユーラシアの沿岸に生息するオオワシ．その英名は Steller's sea eagle．知床博物館・村上隆広館長提供

口絵 12　北東ユーラシアの海域に生息するトドの英名は Steller's sea lion．知床財団・石名坂豪研究員提供

口絵 13　ジグリ自然保護区の山頂より

口絵 14　サマーラでのヴォルガ川の船着場

口絵 15　手前から，サマーラ，ヴォルガ川，そして対岸のジグリ自然保護区．上空より

口絵 16　ヨーロッパアナグマ．サマーラの動物園にて

口絵 17　アジアアナグマ．ジグリ自然保護区事務所飼育舎にて

口絵 18　ヨーロッパビーバーの保全生態学に取り組む
Alexander Saveljev 博士．同氏提供

口絵 19　サンクトペテルブルク駅から出発する夜行列車．乗車前に切符のチェックがある

口絵 20　キーロフの町並

口絵 21　ラッフ（*Gymnocephalus cernuus*），ロシア語で“エルシュ”．ヴォルガ水系のキーロフにて

口絵 22　ニコライ二世とその家族が埋葬された山中の地が，現在は聖地となって人々が訪れている．エカテリンブルク郊外のガニナ・ヤマにて

口絵 23　ウラル山脈から主な各都市までの距離方角を示す標識

口絵 24　ウラル山中のビジャイで宿泊したロッジ

口絵 25　北半球に広く分布するヒグマ．知床財団・山中正実事務局長提供

口絵 26　タイガと石灰岩の巨石

口絵 27　トラックで川の中もでこぼこの山道も突き進む

口絵 28　トボリスクのクレムリン

口絵 29　トボリスクのクレムリンから眺める河岸段丘と夕暮れ

口絵 30　ベレゾフカのマンモス．サンクトペテルブルクの動物学博物館にて

口絵 31　イルティッシュ川で発見された更新世の動物骨．上からウマ，ケブカサイ，マンモスの骨

口絵 32　ザバイカルのステップに生息するダウリハリネズミ．ウランウデの実験生物学研究所 Bair Badmaev 博士提供

口絵 34　漁師とオームリ．バイカル湖東岸

口絵 33　ザバイカルのステップに生息するシベリアマーモット．B. Badmaev 博士提供

口絵 35　バイカル湖東岸の砂浜．小型の船でオームリ漁が行われる

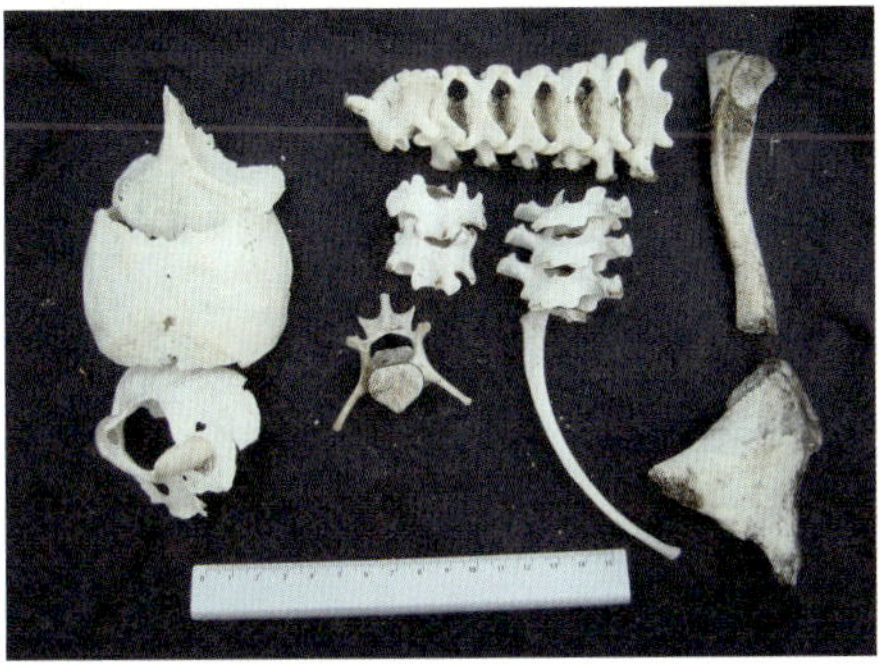

口絵 36　バイカル湖東岸で見つかったバイカルアザラシの骨

口絵 37　入江に富むウラジオストク港

口絵 38　北海道のシマフクロウ．シマフクロウ環境研究会・竹中健代表提供

口絵 39　大陸のシマフクロウ．竹中健博士提供

はじめに

　世界の各地に生息する動物の進化や多様性、そして、その起源地や渡来の経路を探る研究を動物地理学という。これまでの動物地理学研究から、ユーラシア大陸が、日本の動物たちのふるさとであることがわかってきた。かれらがたどってきた進化の歴史を知るには、ユーラシア大陸の動物との比較研究を避けては通れない。歴史をひも解くと、幕末と明治維新を生き抜いた榎本武揚（１８３６～１９０８年）は、１８７８年（明治11年）、二カ月かけて1万３０００キロメートルのユーラシア横断の旅を成し遂げた。この貴重な記録は『シベリア日記』として残されており、現代でもその旅の記録には心ひかれる。私は、そのシベリアに生息する動物を研究するため、これまでの約20年の間、何度もユーラシア大陸を訪問し、海外の研究者とともに動物地理学に関する共同研究を行ってきた。「ユーラシア」という言葉には、広大な大地への思いへといざなってくれるものがある。

ところで、ユーラシアとは何を意味するのだろうか？　それは英語の Eurasia の発音をそのままカタカナで表したものであり、語源的にはヨーロッパ（Europe）とアジア（Asia）を合わせた地域のことである。北半球の世界地図を広げれば、北アメリカ大陸から南アメリカ大陸の最北部まで、およびアフリカ大陸北部を除いたすべての地域がユーラシアだ。

さらに、その地図を見渡すと、ユーラシア大陸の東側には日本列島が浮かんでいる。学校の社会の授業で使われている世界地図では、必ず日本列島が中心に位置している。しかし、ある時、私は、これはあくまでも日本で作られた地図だからであることを知った。

ヨーロッパで見かける世界地図には、ヨーロッパの国々が中心にあり、その右側（東側）にはアジア大陸が広がる。北東アジアは、東の端にあるため「極東（Far East）」と呼ばれている。それまで、私は極東という言葉のニュアンスがよくわからなかったが、ヨーロッパの国々で使用されているそのような構図の地図を見て、なるほどと理解することができた。そして、さらに、大陸から離れた東端に日本列島が描かれている。航空機が発達した現代でも、ヨーロッパの人たちにとって、日本はやはり遥かなる東の国であると感じられるようである。

一方、日本で見かける世界地図では、ユーラシア大陸の西端にはスカンジナビア半島が位置し、さらに西方にはイギリスやアイルランドを含むブリテン諸島が浮かんでいる。日本から見れば、ヨーロッパは遥かなる「極西」(という言葉はないが)の地である。さらに、その地図からわかるように、アジアとヨーロッパの間には、広いシベリアを含むロシアが広がる。

このような広大なユーラシアの地域が、日本の動物とどのように関係しているのであろうか?

本書では、私がこれまでユーラシアで出会った共同研究者とともに取り組んできた動物学研究の成果を紹介しながら、日本とユーラシア大陸の関係を考えていきたい。さらに、主にフィンランドやロシアにおける様々な地域を旅する間に経験した出来事に基づいて、ユーラシア大陸の雄大な自然や人々の文化も紹介する。

目　次

第1章　動物地理学研究ことはじめ

動物地理学とは何か

「大学で何を研究しているのですか？」という質問を受けることがある。そんな時、私は、「ユーラシアの哺乳類を対象にして、動物地理学を研究しています」と答えることにしている。すると、「動物地理学とは何ですか？」という質問が返ってくる。「どこにどのような動物が分布しているかを明らかにしたうえで、現在の多様性、祖先がやってきた時代やルート、その起源地などを明らかにする研究分野です」と答える。

やっと、相手の方に理解していただける。さらに、興味をもっていただいた方からは、「ということは、高校で勉強する地理や地学とは違うのでしょうか？」と話が進む。

「動物地理学は、元来、どこにどんな動物が分布しているか、という極めて基本的なことを明らかにする学問分野です。高校の科目として勉強する地理や地学とは違いますが、その知識は大切です。また、生物は大きく分けて、動物と植物に分類されます。対象が動物の場合には動物地理学、植物の場合には植物地理学と呼んでいます」

「どうしてユーラシアの動物を調べるのですか?」とさらに尋ねられる。

この質問への答えも含め、ユーラシアの動物地理学について以下に語っていくことにしたい。

世界の動物地理区とバイオーム

動物地理学の歴史は古く、すでに1858年には、イギリスのフィリップ・スクレーター(1829〜1913年)が、鳥類の分布の特徴に基づき、南極を除く世界的な大陸や島嶼を六つの区域(区系ともいう)に分けることを提唱した。その後、他の研究者からも哺乳類や鳥類などの動物相(ある地域に生息しているすべての動物種のこと)によって区系が提唱されたが、基本的にスクレーターの「動物地理区」が現在でも使われている。その六つの区系とその該当する地域は、図1の通りである。

また、東洋区とオーストラリア区との境界線はいくつか発表されているが、その中でも、イギリスのアルフレッド・ウォレス(1823〜1913年)によって提唱された区系境界線としてウォレス線がよく知られている。さらに、これら六つの区系のほかに、オセアニア区(オース

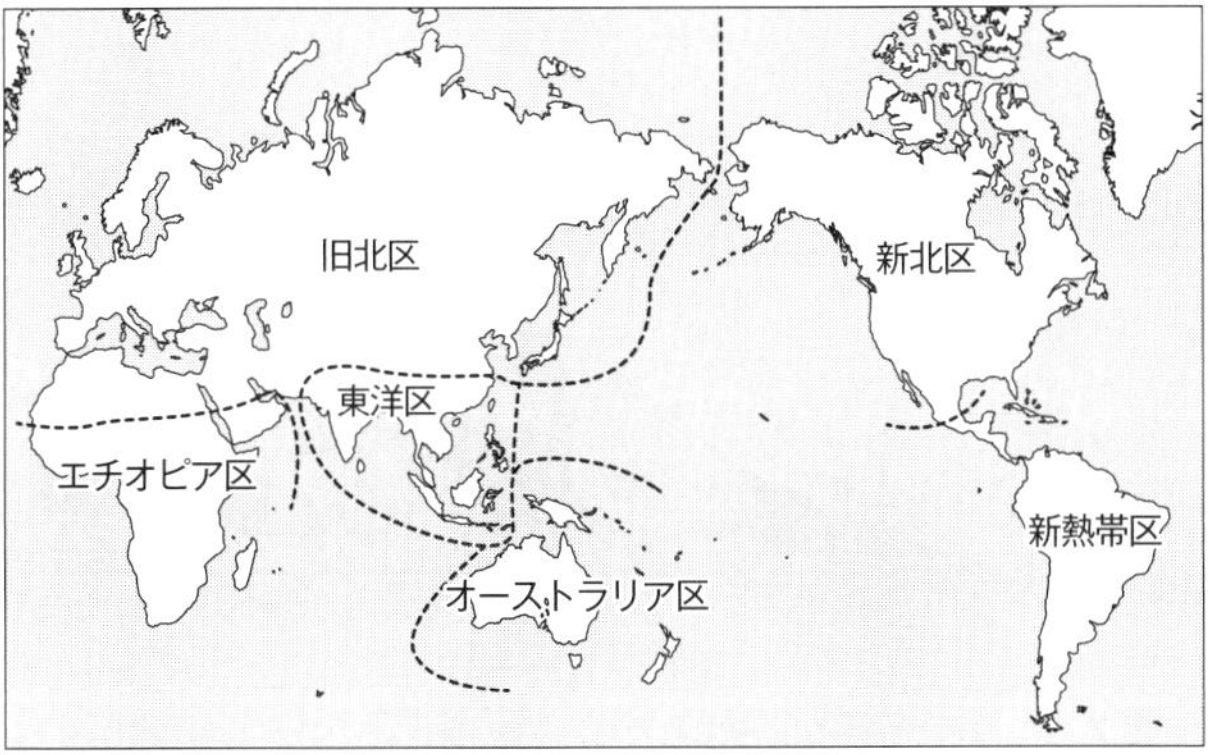

図1　スクレーターの動物地理区

トラリア区を除いた太平洋の島々）と南極区を合わせて八つの区系とし、動物と植物の分布を考慮した生物地理区とすることもある。

動物地理区の成立には、地球規模の大陸移動や海峡・陸橋《りっきょう》の形成が大きく影響している。さらに、動物は様々な環境に適応しながら生活しているので、植生（ある地域に分布している植物の集団のこと）も動物の移動や分布に影響を与えてきた。また、移動と分布の過程で新しい種が形成（種分化）されたり、逆に種や集団の絶滅が起きたと考えられる。

一方、最近の高校の生物の教科書には、「バイオーム」という用語が出ている。これは、地域ごとに適応して生息している動物、植物、微生物を含めたまとまりであり、「生物群系」ともいう。光、温度、水、大気、土壌のような非生物的環境と生物自身である生物

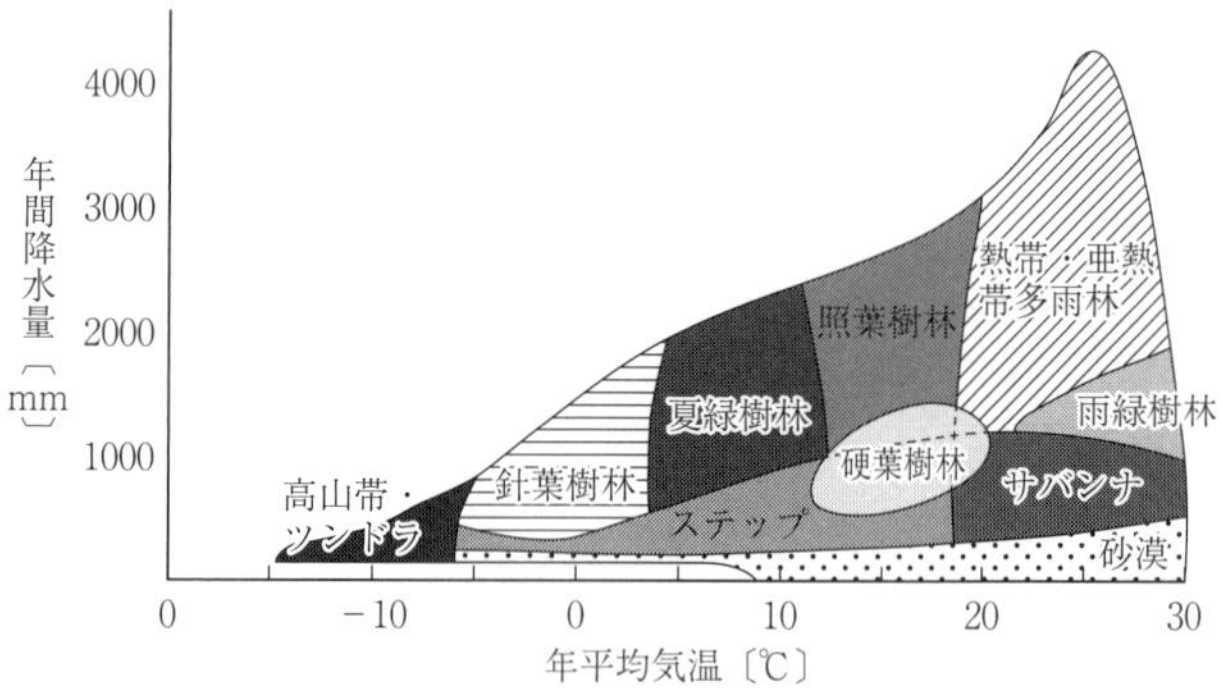

図2　バイオームと気候(年平均気温・年間降水量)との関係図

的環境が相互作用して、多様なバイオームが形成されている(図2)。

バイオームは森林名で表されることが多い。世界的なバイオームとして、気温が高く降水量が多い順に、熱帯多雨林、亜熱帯多雨林、雨緑樹林、照葉樹林、夏緑樹林、針葉樹林と連続的に分布している。そして、降水量が少ない地域では、サバンナ、ステップ、ツンドラが、乾燥地域では砂漠が発達している。前述した動物地理区のうち、ある特定の区系内に複数のバイオームが含まれる。たとえば、動物地理区の旧北区には、熱帯多雨林と亜熱帯多雨林以外のほとんどのバイオームが含まれている。

環境への適応と進化

動物は、このような地理的に異なる多様な環境の中で適応進化し、環境の変化とともに世代交代しながら移動・定着を繰り返してきたと考えられる。特に、恒温動物の寒冷気候への適応として、興味深い説がある。まず、一つめは、「アレンの規則」である。これは、寒冷地に生息する種ほど、耳や尾や脚などの突出部を短くして、熱の放散を防いでいる、というものである。例として、食肉目イヌ科であるキツネの仲間があげられる。キツネは雑食性で多様な食性（食物の種類）をもつため適応力があり、広い生息域をもつことができると考えられている。現に、ホッキョクギツネ（*Vulpes lagopus*）は北極域に、アカギツネ（*Vulpes vulpes*）（日本のキタキツネやホンドギツネを含む。第2章写真13）は温帯に、フェネック（*Vulpes zerda*）は砂漠地帯に生息する。その耳殻《じかく》（耳介）の大きさや形に着目すると、フェネックの耳殻はウサギのように長い。これは、日中暑くなる砂漠地帯で生活するため、体温のラジエーター（放熱器）の役割を果たすとともに、天敵や獲物の動く音を集める役割があるものと考えられる。それに対し、寒冷地に生息するホッキョクギツネの耳殻は、体温が逃げないように短い。そして、アカギツネの耳殻の大きさは両者の中間である。

二つめの説は、「ベルクマンの規則」である。寒冷地に生息する種ほど、体のサイズが大きくなる傾向がある、というものである。体サイズを大きくすると、単位体重あたりの体表面積が小さくなり、熱の放散率が低くなると考えられている。よく例に出される現象は、食肉目クマ科全8種の中で、極地に生息するホッキョクグマ（*Ursus maritimus*）は最大の体サイズをもち、亜寒帯に生息するヒグマ（*Ursus arctos*）はその次に大きい。温帯を中心に分布するツキノワグマ（*Ursus thibetanus*）はヒグマより小型である。そして、東南アジアの熱帯に生息するマレーグマ（*Helarctos malayanus*）の体サイズは最小である。さらに、北海道のヒグマ集団内に限っても、南部よりも北東部に向かうにしたがって大型化することが報告されている。しかし、これはあくまでも恒温動物の話であり、昆虫を含む陸生無脊椎動物のような変温動物では、温帯よりも熱帯に分布する種の方が大型化する傾向がある。

日本列島のバイオームと動物区系境界線

ここまでは、地球規模の視野で動物地理や動物の地域環境への適応を概観してきたが、次に、日本列島の動物区系境界線（図3）の特徴を見てみよう。

日本列島は、6800以上の大小の島々で構成され、南北に約3000キロメートルに及んでいる。北は亜寒帯に位置する北海道から、南は亜熱帯に位置する南西諸島までが含まれる。北海道の北にはサハリン島や千島列島、南西諸島の南には、台湾、フィリピン諸島が位置している。日本列島は降水量が豊富で、森林が発達する条件を備えている。さらに、列島内には1000メートルから3000メートル以上の山々が立ち並んでいる。よって、水平分布のみならず垂直分布からもバイオームが多様化している。高緯度から低緯度、そして、標高の高い所から低い所を見ていくと、高山草原、針葉樹林、夏緑樹林、照葉樹林、亜熱帯多雨林というバイオームが展開している。島に生息する陸生の動物は、島の形成時から地理的に隔離され、多様なバイオームとの相互作用により進化してきた集団である。この影響は、飛翔できる鳥類、コウモリ類、昆虫類でさえも見られる。

図3　日本列島の動物区系境界線(『哺乳類の生物地理学』p. 26 より)

一方、日本列島の陸生哺乳類に着目すると、各々の島の哺乳類相には特徴が見られる。たとえば、ニホンザル(*Macaca fuscata*)、ニホンカモシカ(*Capricornis crispus*)、ニホンムササビ(*Petaurista leucogenys*)、ニホンイタチ（*Mustela itatsi*）などは、本州、四国、九州（これら三つの島を合わせて「本土」と呼ぶこともある）に分布しているけれども、北海道には自然分布していない。これらの種は海外にも分布していない、本土のみに分布する「日本固有種」である。また、ツキノワグマやイノシシ（*Sus scrofa*）は、北海道には分布しないが、本土（九州のツキノワグマは最近になって絶滅したと言われている）とアジア大陸には分布している。一方、ヒグマやシマリス（*Tamias sibiricus*）は、北海道とシベリアに共通して分布しているが、本土には見られない。キツネやタヌキ（*Nyctereutes procyonoides*）は、北海道、本州、四国、九州を含む日本列島と大陸に分布している。

このように、日本列島の陸生哺乳類の分布を見ていくと、以下の四つの分布パターンに分けることができる。

一．日本列島の一部のみに生息する日本固有種
二．本土と大陸に共通して分布する種
三．北海道と大陸に共通して分布する種
四．本土・北海道を含む日本列島と大陸に共通して分布する種

このような分布パターンに分けられるということは、動物地理学的歴史にある程度の共通性があることを示している。つまり、複数の動物種が同じ時期に、ユーラシア大陸から日本列島へ渡った後、地理的に隔離され、現在に至っていると考えられる。

さらに、細かく見れば、北海道だけに生息する「北海道固有種」の哺乳類はいない。また、九州と朝鮮半島の間に位置する対馬には、大陸との共通種であるシベリアイタチ(*Mustela sibirica*)やツシマヤマネコ(*Prionailurus bengalensis euptilurus*)が生息する一方、本土と共通する日本固有種ニホンテン(*Martes melampus*)が分布するという独自の動物地理学的特徴が見られる。

このような動物分布の共通性や固有性から、日本列島内およびその周辺には動物区系境界線が引かれている。その中で最も有名な境界線は、津軽海峡に引かれた「ブラキストン線」である(第8章参照)。ヒグマのような北方系の動物が北海道に分布するのに対し、ツキノワグマのような南方系の動物が本州以南に生息することを示す境界線である。そして、日本海をはさんだ大陸の沿海地方では両クマ種は混在しており、それより北のシベリアにはヒグマが、それより南の中国、朝鮮半島、東南アジアにはツキノワグマが生息している。これは、北海道の北にある宗谷海峡(「八田線」が引かれている)や間宮海峡が、津軽海峡ができた後も陸橋(氷期の海水準低下などによる海峡の陸地化)でつながっていたことを反映している。また、瀬戸内海や対馬海峡（「対馬線」が引かれている）、朝鮮海峡も津軽海峡よりは新しいことを示している。

さらに、トカラ海峡は「渡瀬線」と名付けられ、それより南側の奄美諸島以南にはアマミノクロウサギ（*Pentalagus furnessi*）やトゲネズミ属（*Tokudaia*）3種など島固有種が分布している。渡瀬線は、スクレーターが提唱した動物地理区の中の旧北区と東洋区の境界線に相当する。

日本列島はユーラシア大陸に沿って延びる大陸島（大陸の一部が断層・海食などにより大陸から分離されるか、または大陸の水底が隆起して生じた島）であり、地殻変動や海水準の変動が何度も繰り返されてきた。日本列島において動物の分布が定まるまでには、日本列島周辺に形成された陸橋を通じて、大陸からの動物集団の分散と渡来、そして、海峡による動物集団の分断と地理的隔離が生じてきたと考えてよいであろう。また、島に隔離されたのちに、絶滅した集団がいたかもしれない。

一方、島の間の分布パターンを調べるだけでは、詳細な渡来の歴史がわからないこともある。たとえば、ブラキストン線を越えて、本州、四国、九州、北海道のいずれにもキツネが分布しているが、島集団間でどれくらいの違いがあるのだろうか？　北海道の中でも、函館と札幌と知床半島のキツネの間での相違はどれくらいなのか？　そのような集団間の違いも動物地理学が明らかにする課題であるし、その解明が、日本産動物の渡来の歴史をひも解く鍵になると考えられる。また、現生種・集団の調査だけではなく、化石を対象とした古生物学的データも有用となる。

種の形成と日本固有種

日本列島には、先に述べたように、哺乳類だけに限っても固有種が多い。その理由は、海に囲まれた日本列島は地理的に隔離され、標高差もあるため、各々の島でバイオームが発達し、生物相が多様であることがあげられる。

固有種とは、その地域でしか見られない生物種のことをさすが、そもそも種とは何か？　また、どのようにして種分化が起こるのであろうか？

「種の定義」については、これまで様々な議論がなされてきた。種を同定し記載する分野を分類学というが、すべての分類学者を納得させる種の定義はまだ確立されていない。その中で、エルンスト・マイヤーが１９４２年に提唱した「生物学的種の概念」がある。この概念は、「種とは実際にあるいは潜在的に相互交配する自然集団であり、他の集団から生殖的に隔離されている」というものである。この考え方は、多くの研究者を理論的に「ある程度」納得させることができると思われる。「ある程度」とした理由は、研究対象とする生物すべてについて、生殖的隔離が成立しているかどうか確かめることは難しいからである。比較的飼育しやすい小型動物であったとしても、その飼育下での実験結果と同じことが自然界でも起こっているとは限らない。ましてや、大型の哺乳類について飼育実験することは困難である。

ここでは、この生物学的種の概念にしたがうとして話を進めることにしよう。しかし、新たな疑問が生じてくる。それは、「どのようにして生殖的隔離が引き起こされるのか」という問題である。生殖を妨げるしくみとしては、配偶子(オスがつくる精子とメスからの卵)の接合(受精)から見た、接合前隔離機構と接合後隔離機構が考えられている。

接合前隔離機構は、受精することを妨げるしくみである。それには主に六つの機構が考えられる。一つめは最も重要なもので、集団の「地理的隔離」である。二つの集団間で個体が移動できないような地理的障壁、たとえば、河川、海峡、山脈などが形成されれば、物理的に出会うことがなくなり、集団は独自に進化していくことになる。

二つめの機構は、「生態的隔離」である。同じ地域に生息していても、一方の集団の個体は樹上生活を、もう一方が地上生活するようになれば互いの集団間で出会うことがなくなる。つまり、生態的地位(ニッチ)が異なるということである。

三つめの機構は、「時間的隔離」である。たとえば、植物の集団間で花が咲き配偶子が形成される季節が少しずれることにより、集団間で接合する機会がなくなる。

四つめの機構は、「行動的隔離」である。たとえば、集団間でオスがメスに求愛する鳴き声が異なることにより、集団間の出会いがなくなることが考えられる。

五つめは、「機械的隔離」で、交尾器の形態が異なると交尾ができなくなり、生殖が隔離される。

六つめは、生化学的な変化により、精子が卵に侵入できなくなるような接合子形成の抑止が起こることがある。

これら六つの機構は単独に進むと考えるよりは、互いに影響して進む可能性がある。

さらに、接合後隔離機構としては、種間の配偶子が受精し雑種の胚が形成されても正常に発達しない、または、発生が進み成体に成長しても配偶子形成が進まず不妊となる場合である。

日本列島では、多くの島の存在が地理的隔離を生じさせている。さらに、様々なバイオームが形成されているため、生態的、時間的、行動的隔離も進みやすい。そのため、日本列島に隔離された集団から、固有種に進化したものが多いのではないかと考えられる。また、種分化だけではなく、自然環境の変動により、周囲の島や大陸に分布していた同種の集団が絶滅することにより、ある地域に残された集団のみが生き残り、独自性を獲得して固有種として進化したものもあるかもしれない。

動物地理学の研究方法としての形態分類と分子系統学

さて、このような動物地理学的歴史を解明するための研究方法にはどのようなものがあるだろうか？　主な考え方として「系統学」があげられる。

「系統学」とは、生物種間や種内の集団間について、互いの近縁関係や進化の道筋をたどる研究分野である。それには、従来、形態学的解析から得られたデータが使用されてきた。生物の形態や形質を観察することは、当然のことながら、生物学の基礎である。形態学的解析では、共通祖先から種または集団が分かれた（分岐ともいう）後にも、互いが共通の特徴「共有派生形質」を有しているということが根底にある。これは分岐進化を考えるうえでの基本である。たとえば、脊椎動物の中でも、硬骨魚類における条鰭類のうきぶくろ、哺乳類の体毛と乳腺、鳥類の羽毛が、各々の動物系統群の共有派生形質である。共通祖先が近いほど、形態的な特徴も似ている。このような形態的類似性に基づいて、種間や集団間の系統進化の道筋をたどって描く家系図のような図のことを「系統樹」という（図4）。

一方、系統を反映する形態を十分に判断できないことがある。それは、系統が大きく異なる

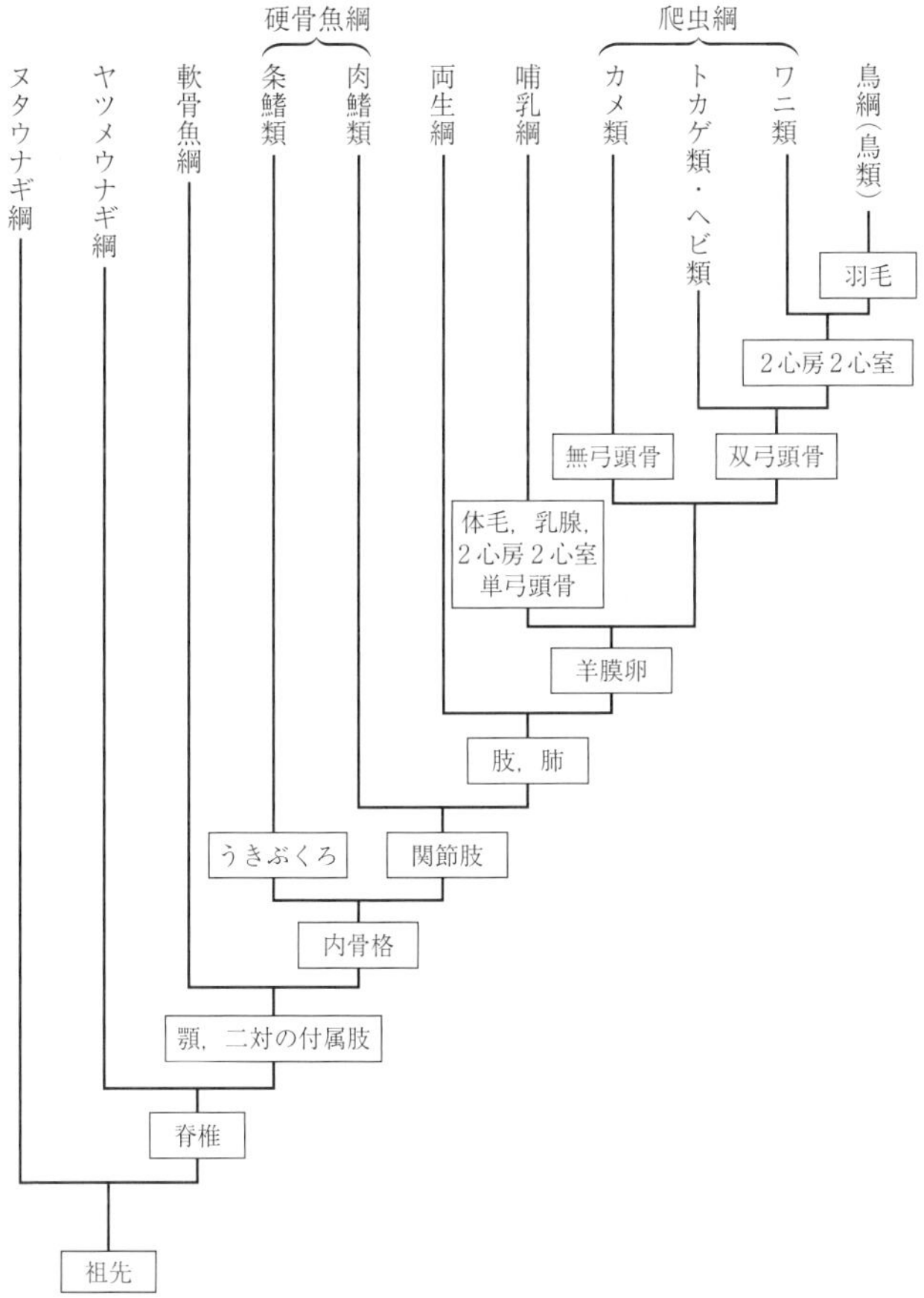

図4　脊椎動物の系統樹．四角は，その系統のみがもつ固有派生形質を示す

動物種間でも、生息環境や食物などの生態的地位（ニッチ）が類似していると、形態が似通ってくる可能性があるからである。たとえば、サメとイルカは、軟骨魚類と海生哺乳類という大きく離れた別系統の動物であるが、流線型の体型やヒレの形は互いに類似している。この類似は海中を遊泳するという共通の生態的地位に適応進化した結果であると考えられる。このように、系統が離れていても形態的に類似する現象を「収斂《れん》進化」または「収束進化」という。

収斂進化の他の例としては、オーストラリアやニュージーランドに生息する有袋類と、新旧大陸に生息する有胎盤類との間に見られる形態的類似性である。両者は哺乳類の進化の初期に分かれた哺乳類である。樹上生活に適応している有袋類フクロモモンガと有胎盤類ムササビはともに、前脚と後脚の間に皮膜が発達し、樹間を滑空しながら移動している。また、有袋類フクロアリクイと有胎盤類アリクイは昆虫のアリを食べるように細長い吻《ふん》（口またはその周辺から突出した（しうる）管状構造）や舌が発達している。しかし、実際の分岐進化による系統関係は、フクロモモンガとフクロアリクイとの間、ムササビとアリクイとの間の方がずっと近い（図5）。

一方、最近では、系統学においても遺伝子分析が盛んに行われるようになった。遺伝子研究以前には、遺伝子の産物であるタンパク質の違い（多型）を集団間の遺伝的な距離と見なし、系統解析が行われていた。しかし、動物の組織や血液のサンプル中のタンパク質よりもDNAの

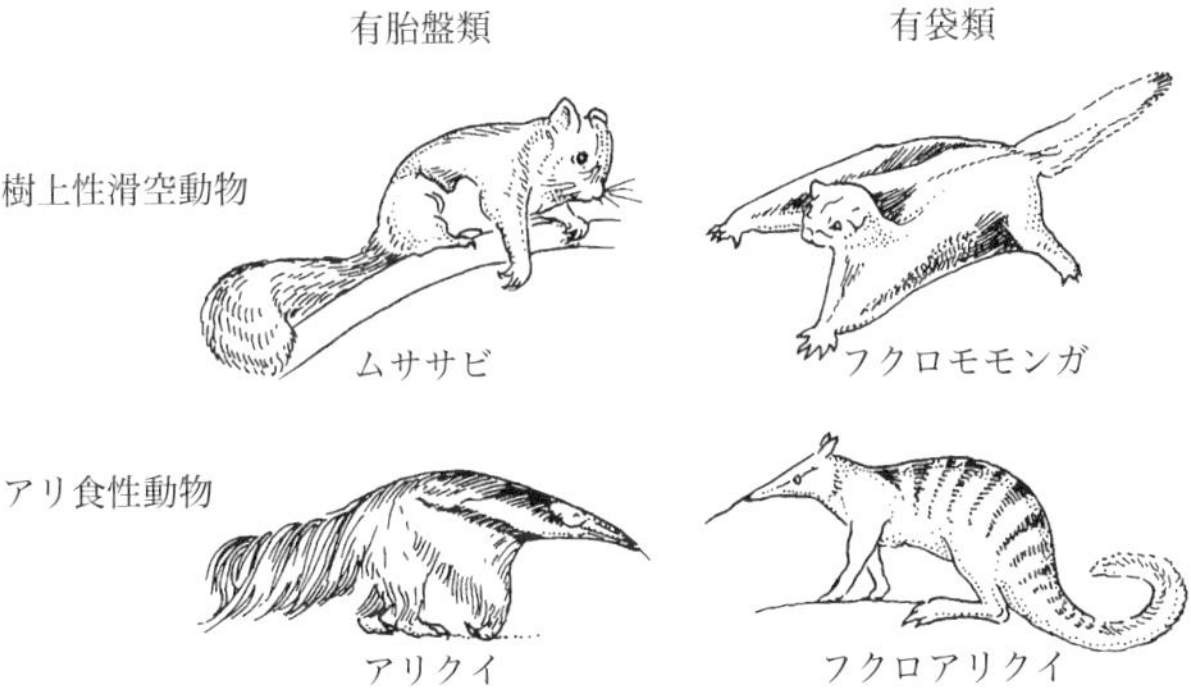

図5　ムササビとフクロモモンガ，フクロアリクイとアリクイ（『哺乳類の生物地理学』p. 20より改変）

方が化学的に安定していて扱いやすいこと、タンパク質中のアミノ酸の並び方に基づく情報よりもＤＮＡ（デオキシリボ核酸）の塩基配列（遺伝情報）の情報量の方がずっと多いこと、分析技術の発展と普及によりＤＮＡを対象とする遺伝子増幅法（ＰＣＲ法）や塩基配列決定法を比較的容易に行うことができるようになったことなどの理由により、ＤＮＡを用いた「分子系統」解析が頻繁に行われている。過去に形態解析のみを行っていた研究室でも、最近では、ＤＮＡ分析を取り入れるようになった。ヒトのゲノム解析が進み、半数体（精子や卵1個がもっているすべての染色体の一組をゲノムと呼ぶ。ヒトでは23本の染色体）の遺伝情報として、約30億個の塩基対があることが報告されている。一方のゲノムは父方から、もう一方のゲノムは母方から受け継ぐので、この様式を「両性遺伝」という。父方か

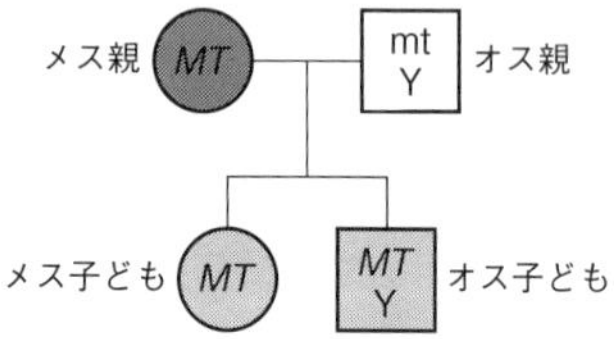

図6　親から子への遺伝様式．メス親のミトコンドリアDNAタイプ“MT”はすべての子供に遺伝するが、オス親のタイプ“mt”は遺伝しない(母系遺伝)．一方、オス親のY染色体DNA“Y”はオスの子どもにのみ遺伝する(父系遺伝)．丸(メス)と四角(オス)の背景の色は常染色体DNAが両性遺伝することを示す

ら受け継ぐゲノムの中に「Y染色体」が含まれているとオスになる。そのY染色体上に乗っている遺伝子は「父系遺伝」する。それに対し、細胞質にある細胞小器官ミトコンドリアは、環状のミトコンドリアDNAを含んでおり、哺乳類の場合、その遺伝情報量は約1万6500塩基対である。ミトコンドリアは、メスの卵にあるものがそのまま受精卵に受け継がれるので、「母系遺伝」することになる(図6)。分子系統研究では、両性遺伝、父系遺伝、母系遺伝するDNAについて、研究目的に合うような遺伝子の使い分けを行う。なお、厳密には、DNAの中で機能をもった部分を遺伝子というが、本書では、断りのない限り、DNAと遺伝子という用語を区別なく用いることにする。

さて、さらにDNAの進化のしくみを細かく見てみよう。DNAの塩基配列は、アデニン(A)、シトシン(C)、グアニン(G)、チミン(T)という4種類の塩基の並び方であり、基本的に同一個体内の細胞間では同じであるが、個体間では異なっている(ただし、一卵性双生児間では遺伝情報は同じ)。よって、分子系統解析から得られる遺伝情報は、形態学的情報よりもずっと多いといえる。

また、先に述べたように、DNAが親から子へ、祖先から子孫への世代交代で受け継がれる過程でほぼ一定の割合で、「突然変異」として塩基の変化(置換、欠失、挿入、逆位)が蓄積していると考えられている。この性質を「分子時計」という。塩基は4種類しかないので、突然変異に収束進化があったとしても、多くの情報量をもつ長いDNAを分析することにより、収束進化の影響をできる限り除くことができる。さらに、極端なことを言えば、哺乳類と昆虫と細菌との間のように、系統が大きく離れていて、多細胞生物と単細胞生物という生物種間でも、同じ起源の遺伝子(相同的遺伝子)を比較すれば、系統樹を作成することができる。リボソームRNA遺伝子はその例である。また、分子時計の考えを導入すれば、系統が分かれてからの時間である「分岐年代」をある程度推定することができる。DNAの塩基配列は突然変異を起こしながら世代を経ているので、DNAの遺伝情報の違いが小さい(類似している)ほど、共通祖先を近い過去に共有していることになる。また、集団レベルで見ても、二つの集団が実際に分かれてから年代が浅ければ、集団間の遺伝的特徴(対立遺伝子の種類と頻度)は似通っている。よって、島集団間や島内の地域集団間でDNA分析を行えば、単に分布パターンだけでは検出できなかった島集団間の成立した順序や系統関係が明らかになってくる可能性が高い。このような分子系統学の利点を取り入れて、生物地理学的歴史を検討する分野として、「分子系統地理学」が誕生し発展している。

さらに、過去を知るためには、過去を直接調べることがもちろん有効である。前述したPCR法の開発により、動物の化石、考古学試料、古い毛皮や剝製などに残された微量なDNAを用いた分析ができるようになった。このような手法を「古代DNA分析」と呼んでいる。第6章で、シベリアのマンモスに関する古代DNA研究を紹介するが、化石などの標本から遺伝情報を得ることができれば、ある地域における過去から現在への動物集団の移動や入れ替えの有無、絶滅した集団や種の系統などが明らかになる。これらのデータは、現生の動物集団を調べているだけではわからない動物地理学的情報を提供してくれる。

日本からユーラシアの動物地理学へ

このような研究手法を取り入れながら、日本列島の動物地理学が進められている。日本固有種までに進化していなくても、日本列島に生息する動物では、島集団間で遺伝的に分化している。島集団間や島内の集団間で、分化の度合いや多様性がどれくらいあるのか、島間の隔離年代は何年くらい前なのかについてこれまでも研究がなされてきた。しかし、大陸の動物相に目を向けると、先に述べたように、日本列島の動物との共通種が多く、さらに、日本固有種に近縁と考えられる種が分布している。また、化石データに基づく古生物学によって、年代の変遷を追うことでわかる、日本と大陸の動物相の深い関連性が報告されている。よって、日本列島の動物相の形成過程を明らかにするには、日本の動物を分析しているだけで研究が完結するわけではなく、大陸の動物との比較研究が不可欠である。日本の動物の起源地、そこから日本への移動ルートや渡来時期などを検討してはじめて、日本の動物地理学の発展がある。これが、ユーラシア大陸に目を向ける必要がある理由である。

幸運なことに、私は研究者としてスタートするにあたり、1997年11月から12月にかけて、文部省の在外研究員として、海外の研究機関を訪問する機会を得た。その際、カナダ、米国の他に、北海道と共通性が高い動物相をもつロシアや北欧を含むユーラシア七カ国を選び、そこで進められているユーラシア動物相の分子系統学や動物地理学の最先端を見学し、研究交流を行うことができた。この研修訪問を機にはじまり、今にまで続く日本とユーラシア大陸の動物地理学に関する共同研究を次章以降で紹介する。

さっそく、ユーラシアのはるか「極西」の国フィンランドから動物地理学の旅を始めよう。

第2章　北欧フィンランドの動物と歴史

一軒置いてお隣の国フィンランド

北方ユーラシアの西端には、フェノスカンジア（Fennoscandia）と呼ばれている地域がある（図1）。それは、スカンジナビア半島、コラ半島（ロシア領）、カレリア（ロシア領）およびフィンランドを含んでおり、生物地理学的にも重要な地域である。そこで、第1章で述べた1997年の二カ月間の海外研修旅行では、フェノスカンジアの中心である、ノルウェー、スウェーデンおよびフィンランドを訪問した。本章では、その後も研究交流が継続しているフィンランドについて紹介する。

北欧フィンランドは、日本から見ると、遥か遠い西の国であるが、国の並びから見れば、ロシアをはさんだお隣である。住宅地であれば、一軒置いたお隣さんとは、いろいろな付き合いがあるだろう。では、私たち日本人は、一軒置いた隣国フィンランドについて、どれくらい知

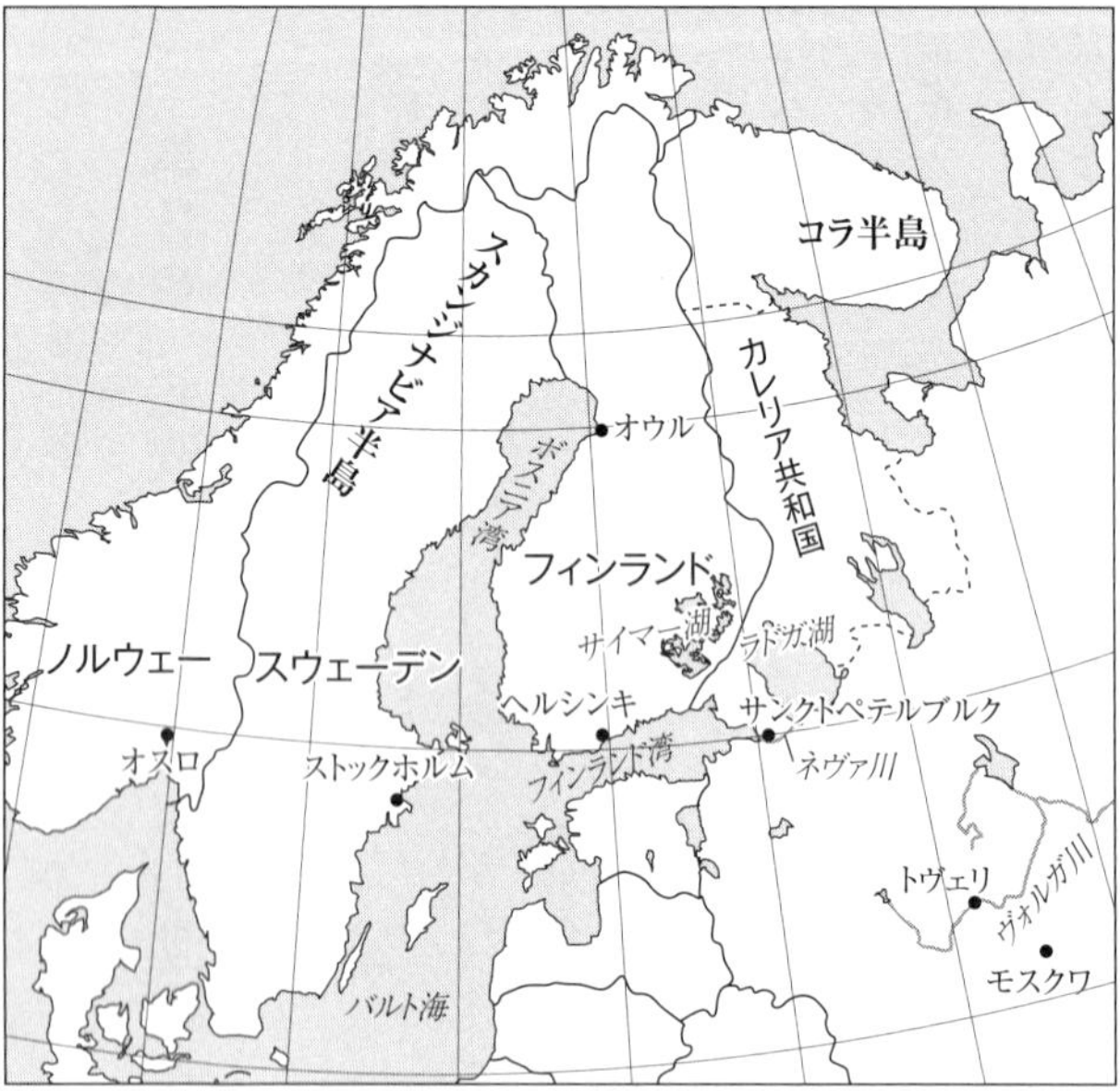

図1　フェノスカンジア

っているであろうか？

フィンランドの面積は約33万8000平方キロメートル、その人口は約550万人（2017年1月現在）で、人口密度は1平方キロメートルあたり約16人。それに対し、日本の面積は約37万8000平方キロメートル、人口約1億2700万人、人口密度は1平方キロメートルあたり約340人。単純に計算すると、フィンランドの面積は日本の約9割だが、人口密度は日本のなんと5％以下である。また、首都ヘルシンキの人口は約63万人、東京都の人口は約1375万人、私が生活している札幌市でも約195万人である。

フィンランドの南端にあるヘルシンキは、北緯60度10分に位置し、バルト海のフィンランド湾に面している。東京は北緯35度41分、札幌は北緯43度04分にあることを考えると、ヘルシンキがいかに高緯度の寒冷地かがわかる。また、フィンランドには森林が多く、かつ、約18万8000個の大小の湖が点在している。

北海道も北国ということで、北欧の国々とは文化交流が盛んに進められている。たとえば、北海道フィンランド協会が設立されており、両国間で様々な行事が行われている。しかし、一般的に、フィンランドと聞いて思い浮かべるのは、冬の夜空に広がる幻想的なオーロラ、アニメのムーミン、シベリウス作曲の交響詩『フィンランディア』くらいではないだろうか。

フィンランドは1995年にEU(欧州連合)に加盟し、2002年に共通通貨ユーロを導入した。私が初めてフィンランドを訪問したのは、EU加盟後の1997年であったが、その時の通貨はフィンランドマルッカであった。フィンランドでは付加価値税VAT(24%)が含まれているので、日本に比べると物価は高く感じる。たとえば、町中のレストランでは昼食でもバイキング形式が多いが、1人前10ユーロ程度である。

道路標識、電車やバスの停留所の標識など、ほとんどの表示が、フィンランド語とスウェー

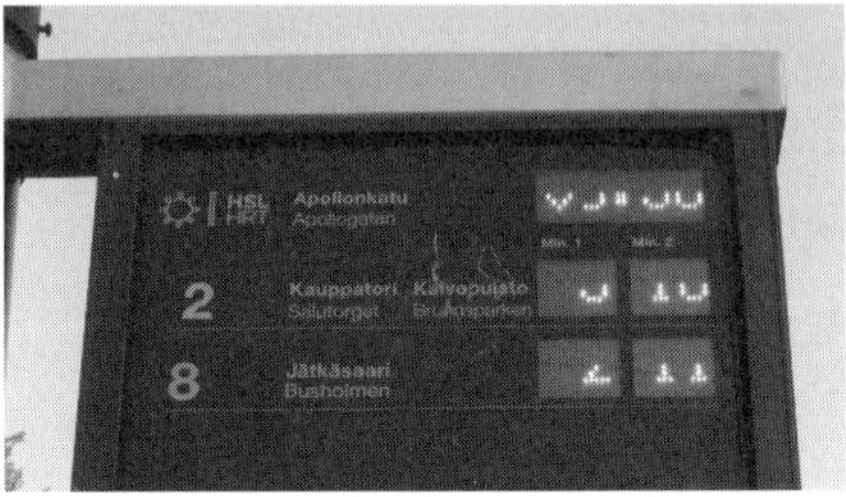

写真1　フィンランドでは，公用語であるフィンランド語とスウェーデン語が併記されることが多い．路面電車の停留所にて

デン語の両方で記載されている（写真1）。さらに、英語が加わることもある。スウェーデン語も公用語になっている。これは歴史上、西側の隣国スウェーデンが統治する時代があったことによるものである。

フィンランドではサウナに人気があり、ヘルシンキ大学の宿舎においても、共同のサウナがある。少し高級なホテルでは、各個室に、シャワーとは別に、小型サウナがついているところもある。サウナは、フィンランド人の生活に溶け込んでいるようである。お隣のロシアでは、サウナと言わず、バーニャと呼んでいて、やはり郊外にある個人宅やロッジにもよく設置されている。北ヨーロッパの人たちは、スチームを使った入浴を楽しんでいる。

クロスカントリーやスケートなどのウィンタースポーツは人気がある。フィンランドというと、スキージャンプでも有名である。特に、１９８０年代に活躍したマッチ・ニッカネンの名は私の記憶にも残っている。葛西紀明選手については、フィンランド人に尋ねると誰でも知っており、このレジェンドの功績を讃えている。

ヘルシンキ市街の中心にある大聖堂はシンボルになっている一方、赤レンガ造りのウスペンスキー教会は北欧で最大のロシア正教会である。これらを見渡せる港では、バルト海の乙女の像がアシカに囲まれた噴水の中に立ってバルト海を眺めている。その横にあるマーケット広場では、毎日、果物や魚介類の市場が並んでいる。フィンランドでとれる魚介類、果物や野菜を眺めることができる(口絵3)。

この広場の向かいに大統領官邸があり、港の桟橋にはフェリー乗り場がある。そこから、フェリーに乗ると15分程でスオメンリンナ島に到着する(写真2)。この島には一般の住人も生活しているが、島全体が六つの島をつないでつくられた過去の要塞である。現在は歴史博物館や教会、昔の砲台が点在している。ユネスコの世界遺産にも登録されており、ゆっくり歩いて博物館の展示を見て回れば、フィンランドの歴史を概観することができる。

独立記念日12月6日、ヘルシンキにて

1997年の研修旅行で、スカンジナビアのノルウェーとスウェーデンの訪問を終えた後、ヘルシンキのヴァンダー空港に到着したのは、12月6日夕方のことであった。空港では、フィ

写真2　(上)ヘルシンキ港沖にあるスオメンリンナ島
(下)島の先端．要塞であることがわかる

ンランド国立自然史博物館研究員兼ヘルシンキ大学動物学部門のスタッフであるリスト・ヴァイノラ(Risto Väinölä)博士が出迎えてくれた。

北欧の冬は、日没が早く、午後3時頃にはすでに空は薄暗くなり始める。到着した時の空はすでに真っ暗であった。ヴァイノラ博士は、私をヘルシンキ市街にある大学の宿舎に車で連れて行ってくれた。別れ際に、「明朝、博物館で会おう。今日12月6日は、フィンランドの独立記念日なので、夜7時に始まる大聖堂前の元老院広場でのセレモニーを見てみるとよいだろう」と助言してくれた。フィンランドにとって12月6日が何を意味するのか。

写真3　ヘルシンキ大聖堂とその手前に広がる元老院広場

私は、それまでまったく知らなかった。

　大学宿舎から、ヘルシンキのシンボルである白亜の大聖堂までは、徒歩でほんの数分の道のりである。私はひとり、寒い夜空のヘルシンキの街に出た。古い石畳の道は凍りついていた。すぐに、照明に照らし出された白い大聖堂がそびえ立っているのがわかった。北側から大聖堂を周り、眼下に広がる元老院広場を見ると、なんと大勢の人々が火のともるトーチをもって集まっているではないか！　これは何事かと思って、長い石の階段を下り、人々で埋め尽くす広場に私も入っていった（写真3）。

　すると、突然、その人々が歌い始めた。それは、私にも聞き覚えのある曲だった。有名なシベリウス作曲の『フィンランディア』であった。その曲の中で、賛美歌のようなメロディーの部分「フィンランディア賛歌」をフィンランド語で歌っている。元老院広場のすべての人々が、日本語でも、「オーロラー、光る彼方の、真白き山をめざし……」という歌詞がつけられている美しいメロディーを歌っている。中には涙を流している人もいる。後で知ったのであるが、これはフィンランドの第二の愛国歌となっている。

多くの人が学生帽のようなものをかぶっている。そのセレモニー終了後、暖をとるために近くのレストランに入ったところ、隣のテーブルに帽子をもった若者たちがいたので、なぜ多くの人が帽子をかぶっているのか尋ねてみた。すると、彼らは、帽子は各大学や高等学校の卒業生であることを示すもので、元老院広場前で毎年行われる独立記念日のセレモニーの際には必ずかぶってくるということを教えてくれた。フィンランドにも学生帽があり、卒業後も毎年、独立記念日に同窓生が集まるという習わしがあることをその時知った(写真4)。

写真4　独立記念日にヘルシンキ市街地を練り歩く若者たち

今でも、私は『フィンランディア』を聴くたびに、初めて訪問したヘルシンキの元老院広場で体験したあの荘厳な夜のことを思い出す。

ヘルシンキの動物学研究

ヘルシンキ中央駅近くに、フィンランド国立自然史博物館はある。博物館入口ではヘラジカ（ムースともいう）の銅像が、入館者を迎えてくれる（口絵5、6）。この博物館のヴァイノラ博士は20年後の現在、後生動物（分類学でいう動物界にほぼ相当する）の分類・進化研究のチームリーダーとなっている。彼らは、この博物館において、社会への教育展示や自身の研究に加え、ヘルシンキ大学の大学院生の教育も担当している（写真5）。

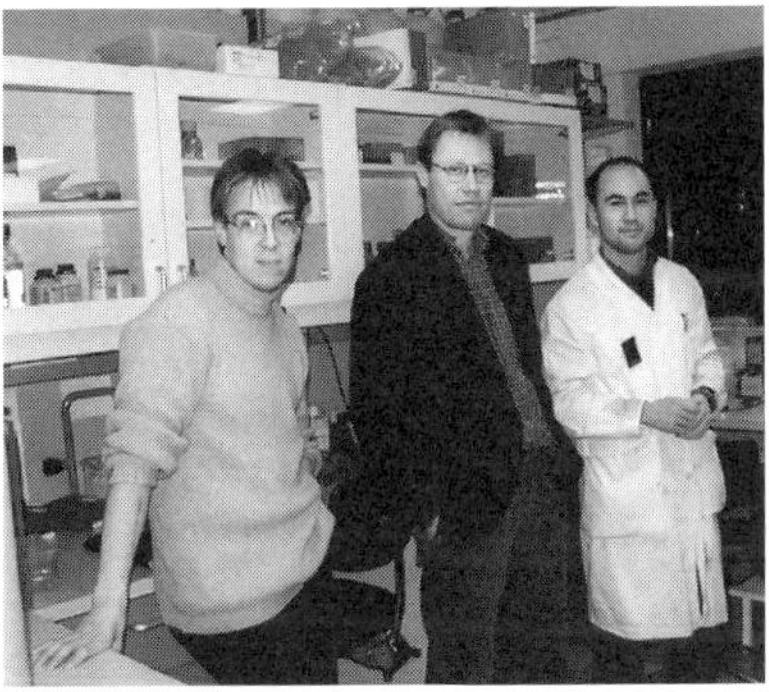

写真5　フィンランド国立自然史博物館のRisto Väinölä博士（中央）（1997年12月）

この自然史博物館で、20年前には哺乳類の古生物学研究員であったアン・フォルステン（Ann Forstén）博士にもお会いした（写真6）。すでに故人になられ

写真6　Ann Forstén 博士とステラーカイギュウ骨格標本．1997 年 12 月，フィンランド国立自然史博物館にて

たが、非常に流暢でわかりやすい英語を話され、博物館の中で哺乳類標本について丁寧に説明していただいた。

その中でも、展示されていたステラーカイギュウ（*Hydrodamalis gigas*）の全身骨格標本の由来の話は興味深いものであった（口絵４）。この海生哺乳類は、北太平洋のベーリング海に生息していた大型のカイギュウであるが、18世紀後半にヒトの乱獲により残念ながら絶滅してしまった。現在、ベーリング海はロシアと米国のアラスカにはさまれているが、アラスカは１８６７年にアメリカ領となるまではロシア領であった。また、フィンランドもその頃、ロシアの統治下にあったので、フィンランドからアラスカへ人が派遣されることもあり、アラスカで得られたステラーカイギュウの骨格標本が研究のためヘルシンキ大学に移されたのだそうである。その後、ロシア革命が起こり、フィンランドも１９１７年に独立した。そのため、ヘルシンキに置かれていたステラーカイギュウの骨格がそのまま保管されることになり、世界的にも貴重な全身骨格標本として今日に至ったということである。この話をフォルステン博士からうかがった時には、標本ひとつひとつに様々な歴史があることを感じずにはいられなかった。そうして、2017年、フィンランドは独立100周年を迎えた。

この博物館の地下は、防火対策が施された広い迷路のような標本収蔵庫となっている。昆虫標本コレクションは世界に誇れるものだという。鳥類の剥製コレクションも充実しており、中でも、充実したハクチョウ標本コレクションは特筆に値するものである。また、一般展示や標本保存に加えて、分析用の実験室も設置されており、遺伝子分析などが行われている。

ヨーロッパの博物館でいつも感心することであるが、フィンランド国立自然史博物館にも剥製などの標本作製部門が設置されている。次章で述べるロシアの博物館でも同様である。このような部門を設置することにより、哺乳類や鳥類などの剥製を作製する専門職員と技術が維持されている。館内の展示もこの部門によって準備されている(写真7)。

一方、日本の博物館ではどうであろうか?　一般展示用の本剥製や研究用の仮剥製を専門に作製できるスタッフや部門はほとんどないというのが現実である。日本では、剥製の作製は業者に委託されるが、その業者自体が減少している。このような相違は、社会における博物館標本や博物館自体に対する認識と価値観の違いを表すものであろう。ヨーロッパの博物館から日本が学ぶべきことはたくさんあるように思う。

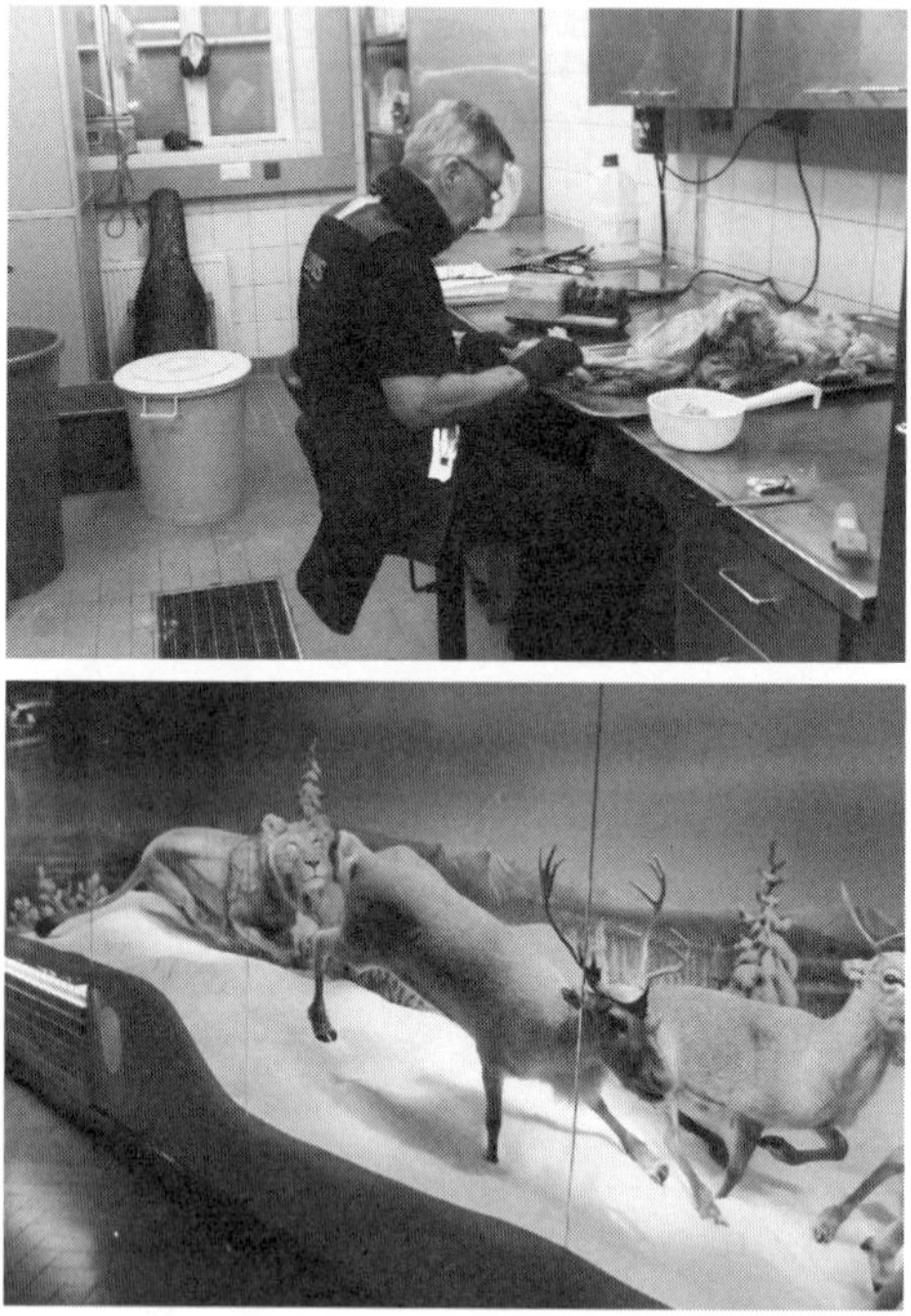

写真7　(上)フィンランド国立自然史博物館の標本作製部門にて．R. Väinölä 博士提供
(下)更新世動物の新しい展示風景．ホラアナライオンとトナカイ．Ari Puolakoski による製作

温故知新のヘルシンキ大学

ヘルシンキ大学は１６４０年に開校した伝統的な総合大学である。２０１５年に訪れた際に、ヘルシンキ大学の壁に大きく掲げられていた看板には、子供の頭に乗せた氷が融け出した大きな写真とともに“375 Power of Thought”と記されていた。「ヘルシンキ大学は、開学以来３７５年間にわたり、考える力、英知を振り絞り、学問と社会の発展に貢献してきた」ということを表現しているのであろう（写真８）。

写真８　ヘルシンキ大学の大きな看板．1640 年から 2015 年まで 375 年間にわたり，「考える力」を育成してきたと記されている

北海道大学は、２０１１年に同大学と大学間協定を結び、交換留学生が互いの大学で学んでいる。ヘルシンキ大学内には、北海道大学の欧州ヘルシンキオフィスも設置されており、スタッフが常駐している。私は、この大学間協定締結に基づく交流助成により、２０１５年３月に再び、ヘルシンキ大学を訪問した。その後は、北海道大学北極域研究センターのサポートもあり、毎年、研究交流の訪問を継続している。

ヘルシンキ大学の文系は、古い町並みが残る市街地中心部にある。大聖堂の前にある元老院広場をはさんで、市庁舎と向かい合う重厚な建物がヘルシンキ大学本部である。

一方、動物学のグループは、以前は自然史博物館と同じ敷地にあったが、現在は植物学、農学、獣医学など生物系の研究室とともに、市街地中心部からバスで30分ほどの郊外にあるViikkiキャンパスに移転している。このキャンパスでは、最新の設備を駆使しながら、生物系の教育研究が進められている。20年前にはまだ生物棟ができたばかりであったが、現在は目新しい研究施設が増設されている。

また、市街地西部のシベリウス公園近くには、大学病院と医学部キャンパスがある。そこに共同研究者のアンティ・ラビカイネン(Antti Lavikainen)博士を訪ねた。彼は医師兼獣医師でも

写真9　(上)ヘルシンキ大学医学部
(下)その地下道．天井にある管の中では学内便のカプセルが行き交う

ある寄生虫学者で、野外調査も積極的に行っている。旭川医科大学寄生虫学研究室を何度も訪問しており、北海道大学においても、寄生虫と宿主動物の関係に関するセミナーを行っていただいた。

ラビカイネン博士に案内してもらった医学部では、スタッフと研究設備が充実していた。また、北欧の寒い冬場でも自由に移動できるように、各建物間が地下道で結ばれている。迷路のように張り巡らされた地下道は、徒歩だけではなく、自転車に乗って移動することができる程に幅広い。さらに、その地下道の天井には、透明の長い管が各建物まで伸びていた。その中を、学内便の書類が入ったカプセルが、空気圧によって勢いよく送られていた。日本の大学や研究施設でこのような地下歩道を私は見たことがない(写真9)。

フィンランド湾に浮かぶ動物園

フィンランド湾に浮かぶコルケアサーリ島は、島全体がヘルシンキ動物園となっている。夏の間は、海に面したマーケット広場のフェリー乗り場から動物園行きの船が出ている。冬季には船がないので、車で遠回りして島の対岸の駐車場に止め、桟橋を徒歩で渡ることになる。ここもラビカイネン博士とともに訪れ、動物園のスタッフと研究交流を進めている。

写真10　(上)ヘルシンキ動物園内にある野生動物保全センター
(下)センターに収容されたハリネズミの飼育．学芸員 Ville Vepsäläinen 博士，協力

ここには、もちろん、ライオン、トラ、シマウマなど人気のある動物が飼育展示されている。さらに、この動物園の特徴は、野生動物保全センターが設置されていることである。このセンターは、コルケアサーリ島につながる小さな島に設置されている。野外で収容される哺乳類、鳥類などの傷病動物を保護治療し、可能であれば野外復帰させる活動が行われている。私たちが訪れた際には、保護された種々の水鳥や、最近ヘルシンキ周辺でよく出没するようになったハリネズミが収容され飼育されていた(写真10)。

ヘルシンキ動物園では、人気のある動物の単なる飼育展示だけではなく、市街地や郊外で収容された傷病個体の治療や種の保全を目的とした活動も進められていることがわかった。このような保全活動は、最近では日本の動物園でも活発化しつつある。

フィンランドの哺乳類相とその特徴

前述のステラーカイギュウは、フィンランド国立自然史博物館と深い関わりのある動物標本であるが、フィンランドに生息している動物ではない。それでは、フィンランドの哺乳類やその動物地理学的特徴にはどんなものがあるだろうか。

フィンランドの哺乳類相は、フェノスカンジア全土でほぼ同様であり、フィンランドに特有の固有種はいない。フィンランドはフェノスカンジアの中で、東はロシア、北ではノルウェー、スウェーデンと接しており、国境をもたない動物たちは、国の間を移動している。フィンランドは、スカンジナビア半島と大陸内陸部(ロシア)を行き来する接点となっているのだ。また、フィンランドの南岸はフィンランド湾、西岸はボスニア湾に面している。

このような地形に加え、フィンランドには無数の小さな湖が分布しており、国内では、各動物の地域集団は様々に地理的に隔離されているものと思われる。その一例として、ワモンアザラシ(*Pusa hispida*)があげられる。アザラシ類は、本来、海生であるが、バルト海にも生息して

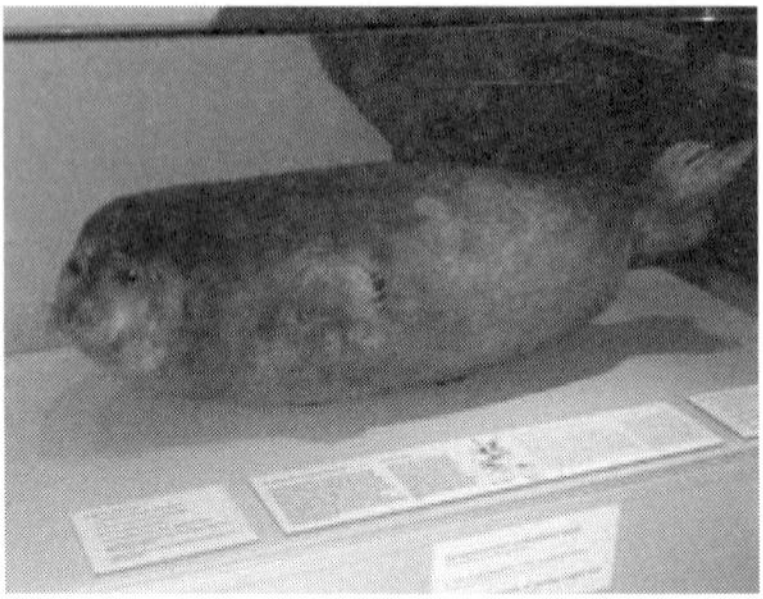

写真11　サイマーワモンアザラシ．フィンランド国立自然史博物館の展示剝製標本．R. Väinölä 博士提供

いるワモンアザラシ個体群の一部が、約9500年前にフィンランド南東部で淡水のサイマー湖（図1）に取り残され、地理的に隔離されたと考えられている。世界的にも珍しい淡水に適応したこのアザラシ個体群は、形態的・生態的に分化していて、亜種サイマーワモンアザラシ（*Pusa hispida saimensis*）に分類されている。その個体数は約300頭と推定され、現在、絶滅危惧種として保護されている（写真11）。

その他の数少ない淡水生アザラシとして、サイマー湖と河川でつながっているラドガ湖（ロシア領）に生息するラドガワモンアザラシ（*Pusa hispida ladogensis*）、第7章で紹介する独立種バイカルアザラシ（*Phoca sibirica*）が知られている。やはり、これらのアザラシも、海の個体群から地理的に隔離され、淡水に適応してきた個体群である。

ヨーロッパでは、様々な生物種の系統地理学が共同で研究されている。特に、最終氷期（約1万年前まで）から現在に至る生物の移動に関する研究が進んでいる。その結果、生物種間で比較すると、ある共通性が明らかになってきた。

南のレフュージアからの北上

多くの哺乳類は最終氷期の寒冷気候を避けるために、フェノスカンジアよりも南部の地域（地中海周辺やバルカン半島周辺域）に移動し、逃避所（レフュージア）としていた。しかし、最終氷期終了後、約1万年前から北半球の温暖化が進むと、森林の分布が北上するに伴って、そこに生息する動物たちも北方へ移動した。そして、ヒグマやヨーロッパトガリネズミ（*Sorex araneus*）などのミトコンドリアDNAの系統地理学的解析から、フェノスカンジア内において、同一種内の別々の系統が別の方向から出会い、生物地理的境界線を形成しているという共通性が見出された。つまり、逃避所が少なくとも二カ所、バルカン半島周辺域とイベリア半島周辺にあった。バルカン半島から北上した系統がフィンランドを通り、さらに北上してスカンジナビア半島の北部へ向かった。一方、イベリア半島から北上した別の系統はスウェーデンやノルウェーを北上し、ついにはスカンジナビアの中部や北部で両系統が出会い、現在もその境界線が維持されているというものである（図2）。

さらに、フェノスカンジアをめぐる興味深い知見がスペインのRuiz-Gonzálezらのグループからも報告されている。その報告によると、ヨーロッパに広く分布するイタチ科のマッテン（*Martes martes*）（写真12）のミトコンドリアDNAを比較したところ、地中海周辺や中部ヨーロッパの個体群にはマッテン独自の特徴が見られたが、フェノスカンジアのマッテン個体群の一部からは、近縁な別種であるクロテン（*Martes zibellina*）（口絵9）が本来もっているミトコンドリアDNAタイプが検出されたという。クロテンの特徴については第5章で述べるが、現在の分布域はウラル山脈からシベリア中央部を経て、大陸極東と北海道まで分布している。よって、過去に、クロテンはフェノスカンジアあたりまで西へ進出し、そこで近縁のマッテンとの間で交

図2　ヨーロッパにおける最終氷期以降の動物の移動ルート．北上する移動ルートに共通点が見られる．Hewitt（1999）より

雑が起こったが、その後何らかの原因によりウラル山脈あたりの東方へ退いたので、フェノスカンジアのマツテン集団内にクロテンのミトコンドリアDNAが残ったと推定されている。このような現象を「遺伝子浸透」という。

フィンランド国立自然史博物館と私たちの共同研究として、ヨーロッパアナグマ（*Meles meles*）とニホンアナグマ（*Meles anakuma*）の系統地理に関する研究を進めてきた。ユーラシアに分布するアナグマ属 *Meles* 4種は、大変興味深い動物地理学的特徴を示すが、詳細は第4章で紹介する。この研究では、フェノスカンジアに生息するヨーロッパアナグマのミトコンドリアDNAの分子系統解析データにより、フィンランド集団とノルウェー集団が遺伝的に分化していることが示された。一方、それまでのアナグマ頭骨の形態学的データにより、ノルウェー集団は他のヨーロッパアナグマより小型であることが報告されていた。よって、スカンジナビアとフィンランドの間での地理的隔離がある程度進んでいることが示唆された。

写真12　マツテン．ジグリ自然保護区（ロシア）の動物公園にて

また、世界最小のイタチ科で、やはり日本とユーラシア大陸北部に広く分布するイイズナ(*Mustela nivalis*)について、免疫反応に重要な役割をもつ主要組織適合遺伝子複合体(MHC)遺伝子が分析された。その結果、北ユーラシアに広く検出される対立遺伝子が見出された。一方、フィンランドにしか見られない特異的な対立遺伝子も発見された。広い地域に共通して見られる対立遺伝子は、病原体に対抗するために重要な役割を担うため、地理的に隔離された集団においても遺伝的浮動(遺伝子頻度の変化が偶然に任されていること)により消滅することなく、別の集団間でも維持されてきたと考えられる。このような現象を「平衡進化」という。さらに、フィンランドのみに特異的に見出される対立遺伝子の存在は、その地域に特異的な病原体が分布している可能性を示しているのかもしれない。イイズナに寄生する微生物や寄生虫の研究が進むことが望まれる。

フィンランドの哺乳類相と日本との共通性

第1章で述べたように、日本列島の本州・四国・九州(合わせて本土という)における哺乳類相には日本固有種が含まれる。それに対し、北海道の哺乳類相には日本固有種は含まれず、北ユーラシアの哺乳類相と共通している。つまり、北海道に生息する哺乳類は大陸でも見られるのである。

よって、ロシアをはさんで地理的に遠く離れている北海道とフィンランドの間でも多くの共通種が見られる。たとえば、ヒグマ、イイズナ、オコジョ(*Mustela erminea*)、キタリス(*Sciurus vulgaris*)、タイリクモモンガ(*Pteromys volans*)、アカギツネ(写真13)、そして、北海道では絶滅したが、フィンランドでは現存するオオカミ(*Canis lupus*)である。このように、広い範囲にわたり同一種が分布することは、北ユーラシアにおける生物地理学的特徴のひとつである。

写真13 アカギツネは北半球に広く分布する．Vladimir Platonov 氏撮影

この分布の特徴は、先に述べたように、最終氷期終了後の約1万年前からの温暖化により、針葉樹林を生活の場として好む森林性の哺乳類が、ユーラシア大陸の南部から北部への森林の北上に伴って分布を広げたことを示している。よって、北海道からフィンランドまでの哺乳類相には固有種はいない(ユーラシア大陸のような広大な地域では、その区切り方によって「固有」の意味が異なってく

るが)。固有種でなくても、両国で共通している種について、中間に位置する広大なロシアも含めて動物の地域集団を詳細に分析することにより、北半球における動物地理学的歴史が明らかになってくる。そこに、日本とフィンランドとの共同研究の意義があると考えている。

オウルと冬のボスニア湾

ヘルシンキの他に、フィンランドで動物地理学的研究が盛んに行われている教育研究機関を紹介しよう。ヘルシンキよりもさらに北の北緯65度に位置するオウル大学である。オウルは、バルト海のボスニア湾の奥にある港湾都市で、ヘルシンキから空路で1時間程の地点にある。その人口は約20万人である。ヘルシンキと同様に平坦な土地で、市街地でも高層の建物はあまり見かけない。

訪問した2018年2月には、ヘルシンキ湾は凍っていなかったが、オウルが面するボスニア湾は完全に氷結していた。外気温は、終日、マイナス10度であった。凍てつく町を走る自動車はスタッドレスではなく、スパイクタイヤを履いて走っていた。

沖合い数キロメートルの地点には、ハイルオト島が浮かんでいるが、冬季には大陸との間の海面が凍った氷で繋がっている。北海道のオホーツク海に見られるような流氷ではない。砕氷船を兼ねたフェリーが、島と大陸との交通機関として航行している(写真14)。しかし、そのフェリーを待ちきれない人々は、横目にフェリーが進むのを見ながら、並行して、島と大陸の間の氷上に車を走らせる。北極圏にも入るフィンランドならではの光景であろう(口絵8)。

また、寒さを楽しみに変えることをエネルギーの源としているのが、北国の人々である。オ

写真14　ボスニア湾の氷海を航行するフェリー

写真15　アイスクライミングのヨーロッパ選手権．オウルにて

ウルで見たそのひとつは、アイスクライミングのヨーロッパ選手権である。北欧の国々やロシアからの選手が参加していた(写真15)。人工的に作った氷山の絶壁を昇ったり、橋の裏側を移動する時間と高さを競うものである。小さなつるはしのようなアイスピッケルを両手に持ち、靴裏につけた鉄の爪のようなアイゼンを履いて、垂直の氷壁を登って行く。命綱をつけてはいるが、大変スリリングなスポーツである。選手も真剣、見ている者もハラハラしながら応援する。その会場では、サーモンのスープ(北海道の石狩鍋みたいなもの)やクレープが振舞われ、時々暖をとりながら応援が続いていた。

オウルの動物学研究

真冬のオウル大学キャンパス(写真16)は、郊外の静かな森の中に広がっていた。この大学も、北海道大学との協定校である。ここでは、ヨウニ・アスピ(Jouni Aspi)教授の生態遺伝学研究グループが精力的に、哺乳類を含む動物を対象として、分子系統学的解析や集団遺伝学的解析を行い、生物地理学や種保存のための保全遺伝学に取り組んでいる(写真17、口絵10)。

フィンランドの大学にも海外からの留学生や研究者が多い。そのため、アスピ教授の研究室で毎週行われているスタッフのミーティングでは、フィンランド語ではなく英語が用いられていた。フィンランド語ではアルファベットが用いられているが、英語やドイツ語と比べると文法は大きく異なっている。しかし、フィンランドの大学内では誰もが英語を使用できることが当たり前となっている。

特に、ここでは、大型の哺乳類の研究が盛んに行われている。まず、偶蹄目シカ科であるヘラジカ(*Alces alces*)の研究がある。この動物は、フェノスカンジアからシベリア、北東ユーラシア、さらに北米大陸北部にかけて北半球北部に広く分布している。ヘラジカは最大級のシカの仲間で、オスには大きな角があり、その体重は２００キログラムから８００キログラムである(口絵７)。ヘラジカのステーキやスープなどの料理もあり、その味はビーフのようでもあり、大変美味である。アスピ教授らは、フィンランド全域とロシア側のカレリア地方のヘラジカの集団遺伝学的解析を行った。その結果、母系遺伝するミトコンドリアＤＮＡ分析では、フィンランド北部やラップランド(スカンジナビア半島北部のほぼ北極圏内にある地方)に分布する系統と、それ以外の系統の二つの系統が分布することを見出した。さらに、両性遺伝するマイ

写真16　オウル大学キャンパス

クロサテライト(数塩基を単位とした反復配列。個体差が高頻度に見られるため、個体識別に有用である)の遺伝子型分析により、北部、南西部、東部の三つの遺伝的グループに分化していることが明らかにされた。これらの遺伝的グループは、最終氷期後のフェノスカンジアへの分布拡散の結果として、二次的に形成されたものと推定されている。つまり、前述したように、北上する別系統のもの同士が、フィンランドで出会ったのである。さらに、18世紀には、ヘラジカの個体数が極端に減少し、再び増加するという現象(ボトルネック効果という)が記録されているが、

写真17 (上)オウル大学でのセミナー
(中)ゆったりと勉学に励むオウル大学の学生
(下)オウル大学のJouni Aspi教授(向かって右側)とフィンランド食品安全管理センター(EVIRA)のAntti Oksanen博士(向かって左側)

遺伝学的にもその証拠が得られたと報告されている。フィンランド国立自然史博物館の入口にはヘラジカの銅像が立っている(口絵5)。

フィンランドの生態系においては、ヘラジカの主な捕食者(他種の生物を捕えて食べる生物)は食肉目イヌ科のオオカミである。そのオオカミの個体数が減少しているため、種保全の対策も考えた集団遺伝学的研究が進められている。日本列島では、オオカミは明治初期に絶滅した。アスピ教授らのグループは、フィンランドにおけるオオカミ集団の時代的な変遷を分析するため、博物館に保管されている過去の動物標本を対象にミトコンドリアDNAを調べた。その結果、過去から現在にかけて、いくつかの遺伝子タイプが失われたことが示された。一方、マイクロサテライトの多様性には変動が見られなかった。さらに、フィンランドとロシア領のカレリア地方のオオカミ集団についてマイクロサテライトの多様性を比較したところ、フィンランド集団の多様性が低かったが、MHC遺伝子(44頁参照)の多様性には有意差が見られなかったという。これは、フィンランド集団において、イイズナの場合と同様に、種々の対立遺伝子を維持するための平衡進化が起こっていることを示している。

さらに、フェノスカンジアに生息する別の大型食肉目としてヒグマがあげられる。やはり、ヒグマも捕食者として北半球の森林生態系の頂点に立っている。しかし、特にスカンジナビア半島では個体数が減少し、その保護対策がなされている。地域間での個体の移動を調べるために、マイクロサテライトによる集団遺伝学的解析が行われた。その結果、フィンランドにはカレリアからのヒグマの遺伝子流動が見られたが、ノルウェー・スウェーデンとフィンランドの間では遺伝子流動が見られなかった。つまり、フェノスカンジアの東部では、個体数の豊富なカレリアからフィンランドへヒグマが頻繁に移動している一方、西部のノルウェー・スウェーデンとフィンランドの間ではヒグマの移動は稀であることが明らかとなった。このように、フェノスカンジアという地域全体での研究交流を進めることにより、動物地理学的な新知見が得られつつある。

また、オウルにはフィンランド食品安全管理センターがあり、アンティ・オクサネン(Antti Oksanen)博士(写真17)がタヌキなどの野生動物の寄生虫について疫学的研究を進めている。

第3章　水の都サンクトペテルブルクと動物学博物館

サンクトペテルブルクの歴史と博物学のはじまり

フィンランドと日本の間に位置するのは、広大な隣国ロシアである。その総面積は約１７０７万５０００平方キロメートル、総人口は約１億４６８８万人（ロシア統計局２０１８年１月現在のデータによる。以下、ロシアの各都市の人口も同じ）。よって、ロシアでは、日本より少し多い人々が、日本の約45倍の国土に生活していることになる。本章以降では、四方から順にロシア各地での動物紀行を紹介していきたい。

ヘルシンキから東へ約３００キロメートル、ロシアの西端に位置するサンクトペテルブルク（第2章図1参照）は、首都モスクワに次ぐロシア第二の都市で、その人口は約５３５万人である。この町の歴史はモスクワより新しく、１７０３年にロシア皇帝ピョートル一世（ピョートル大帝）によって築かれた。第2章で紹介した淡水産ワモンアザラシ集団が生息する、ヨーロッパ一大きい湖、ラドガ湖から流れ出たネヴァ川が、約70キロメートル先のバルト海へ注ぐ河口に位置する。1713年には、モスクワからサンクトペテルブルクに遷都され、ロシア革命後の1922年に首都は再びモスクワに戻った。その間、サンクトペテルブルクでは文化や学術活動に大きな発展があった。それはこの町の地理的位置が西ヨーロッパへの窓口であり、国際交流が盛んであったことが大きな要因の一つと考えられる。

日本からロシアへの入国の際には、査証(ビザ)を取得しなければならない。研究でロシアを訪問する際には、訪問先の研究機関から事前に招へい状を送ってもらい、在日ロシア大使館またはロシア領事館へ赴いてビザ申請の手続きを行う必要がある。その手続きの時から、ロシア訪問が始まっていると言ってもよい。準備が整い、いざロシアの空港に到着すると、入国審査では長い行列ができ、入国までに時間がかかることが多かった。しかし、最近ではロシアのどこの空港でも、ターミナルは近代的な明るい雰囲気の建物になり、比較的スムーズに入国できるようになった。

そのようなプロセスを経て訪れるサンクトペテルブルクは、整然とした古い町並みと水路のコントラストが実に美しい。町の建設初期の頃に建てられたペテロ・パウロ要塞が、ネヴァ川沿いの町の中心に位置している。その近くにある皇帝の宮殿(冬宮)は、現在のエルミタージュ

写真1　(上)エルミタージュ美術館，(下)イサーク寺院

美術館である。夏宮と言われる宮殿は郊外にあり、森に囲まれた多くの噴水のある宮廷となっている。町中には、作曲家チャイコフスキーによるクラシック・バレエ「眠りの森の美女」と「くるみ割り人形」が上演されたマリインスキー劇場など、芸術の歴史も奥深い。

また、町の中心から放射状に広がる大通りの中で、ネフスキー通りは商店と人通りで賑わっている。その通りの近くには、カザン寺院、イサーク寺院、血の救世主寺院など荘厳な教会も数多い(写真1)。

エルミタージュ美術館横からネヴァ川にかかる宮殿橋を渡ったワシーリィ島には、クンストカメラと呼ばれる人類学民族学博物館がある(口絵1)。その隣には、ロシアにおける動物学研究の先端を担う研究機関の一つ、ロシア科学アカデミー動物学研究所・動物学博物館がある(口絵2)。これらの博物館・研究所には、ロシア帝国時代以来、ユーラシアを中心に広域から収集された標本が収蔵されている。サンクトペテルブルクから見て、東方のシベリア、中央アジア、さらに東の極東は未知の地であった。その民族、地形、地理、地質、植物相、動物相などは十分には明らかにされていなかったため、ピョートル大帝肝いりの国家事業として調査研究が始まった(現在でも調査が継続されている)。当時はまだ大きな道路も鉄道も普及していなかったので、蛇行する河川の水路を利用したり、舗装されていない道路を走らせる馬車を利用したり、長い年月と人

写真2　動物学博物館の標本作製部門

手をかけた「探検」が行われ、西方から東方への調査が徐々に進んでいったという歴史がある。首都サンクトペテルブルクは、その出発地点であった。その地道な調査により、動物地理学研究や動物標本収集がなされ、その成果がこの動物学研究所に蓄積されている。併設された動物学博物館にも、国内外の貴重な動物標本が展示されている。また、第2章で紹介したフィンランドの博物館と同様に、ここも独自の標本作製部門をもっている(写真2)。展示標本の中でも世界的に有名な展示は、「ベレゾフカのマンモス」と名づけられたシベリア北東部で発見されたマンモスの本物の剥製である。マンモスについては第6章で詳しく紹介する。

探検家と大型動物の発見

帝政ロシア時代のサンクトペテルブルクを拠点とした探検家とその博物学的発見を見ていこう。

まずは、ユーラシアと北米を分かつベーリング海峡の名称にもなっている、ヴィトゥス・ベーリング(1681~1741年)である。ベーリングは、デンマーク生まれであるが、ロシア海軍の航海士として探検を行った。サンクトペテルブルクは、フィンランド湾の一番奥にある港湾都市であり、海軍の本拠地である海軍省が置かれていたため、優秀な航海士が集まっていた。

ベーリングはそのひとりであり、国家事業として、ユーラシア大陸と北米大陸が繋がっているかどうかを調査するため、1725年から2回にわたるカムチャッカ探検隊を率いることとなった。サンクトペテルブルクから1年以上をかけてユーラシア大陸を陸路で横断し、オホーツクに到着した。そこで船を準備して、太平洋への航海に出た一行は、カムチャッカ半島東岸、アリューシャン列島、アラスカ南部に上陸しながら調査を行った。しかし、ベーリングは、航海中に嵐のため漂流し、カムチャッカ半島東部に位置するコマンドル諸島の無人島(後にベーリング島と名づけられた)に漂着した後、病死している。

その第二次カムチャッカ探検隊のメンバーのひとりが、ゲオルク・ヴィルヘルム・ステラー(1709~1746年)であった。彼は、ドイツ出身の医師、探検家であり、博物学者であった。ステラーは、最初からカムチャッカ探検隊に入っていたわけではなく、1738年にサンクトペテルブルクを出発し、やはり、ユーラシア大陸を陸路で横断し、前述のベーリング一行に合流した。調査中の航海では、訪れた島々で積極的に自然や民族の調査を行った。ベーリングの病死後、他の船員と協力してベーリング島を脱出してユーラシア大陸に戻り、サンクトペテルブルクを目指して帰途の途中、西シベリアにおいて37歳の若さで死亡した。

ベーリング海峡周辺に生息する動物には、ステラーの調査報告に基づいて彼の名前がつけら

	和　名	英　名	学　名
哺乳類	ステラーカイギュウ	Steller's sea cow	*Hydrodamalis gigas*
	トド	Steller's sea lion	*Eumetopias jubatus*
鳥　類	オオワシ	Steller's sea eagle	*Haliaeetus pelagicus*
	コケワタガモ	Steller's eider	*Polysticta stelleri*
	ステラーカケス	Steller's jay	*Cyanocitta stelleri*

れている種がいる。上の表では、それらの動物5種の和名、英名、学名(動物名の種類については次節で説明する)を順に示すが、和名にステラー、英名にSteller、または、学名に*stelleri*が使われている(口絵11、12)。

特に、第2章でも紹介したステラーカイギュウ(口絵4)は、珍しい大型海生草食獣であった。ステラーによる報告によってその存在が知れわたることになり、ヒトによる乱獲が始まって、残念ながら絶滅してしまった。また、ステラーによって報告されたベーリング島に生息していた海鳥メガネウ(*Phalacrocorax perspicillatus*)も、その後、ヒトの乱獲によって絶滅した。

また、サンクトペテルブルクから中央アジア、東アジア、チベットに向けて探検したニコライ・プルジェワリスキー(1839～1888年)は地理学者であった。彼はロシアの出身で、サンクトペテルブルクの海軍でも教育を受けた。6回目の探検に際して、現在のキルギスのカラコムで病死した。それまでの調査では、各地から様々な動植物の標本も収集している。彼の報告に基づき、中央アジアに残存していた野生馬（モウコノウマ）にプルジェワリスキーウマ（Przewalski's wild horse, *Equus przewalskii*）、そして、やはり中央アジアに生息するウシ科のガゼルにプルジェワリスキーガゼル（Przewalski's gazelle, *Procapra przewalskii*）という彼の名がつけられている。

右記の人物以外にも、この時代にロシアで活躍した探検家は数多い。ロシア外からサンクトペテルブルクで雇われた優秀な人物が多いのも特徴だ。彼らは、広大なユーラシアの自然と文化をこよなく愛し、心を躍らせ、各地を探検したにちがいない。そして、ここに紹介したように、旅の半ばにして、命を落とす探検家も多かったが、各々が抱いた人生の目的を精一杯貫いたと言えるのではないだろうか。

分類学と学名

さて、このような探検調査によって収集された標本は貴重な学術的財産となり、サンクトペテルブルクの研究機関に蓄積されていった。ロシア科学アカデミー動物学研究所だけを見ても、無脊椎動物の各動物群の他に、脊椎動物の魚類、両生類、爬虫類、鳥類、そして、哺乳類の各部門ごとに研究活動が行われている。私が１９９７年に初めて訪問して以来、研究交流を重ねている研究者は、哺乳類学部門のアレクセイ・アブラモフ(Alexei Abramov)博士である(写真3、4)。彼は、主にイタチ科など食肉目を専門とする形態分類学者である。哺乳類学部門では、ロシア全域はもとより、旧ソ連の国々や中国、ベトナムも含めた地域の動物の形態学や生態学を中心とした研究が進められている。この研究所では、広大なユーラシアの地域から集められた標本を使用できるので、同一種を対象として、様々な地理的変異を居ながらにして研究することができるというメリットがある。哺乳類の形態分類学では、しばしば、哺乳類の頭骨や歯を中心とした形態をノギス(副尺つきの金属製ものさし)を使って計測して、地理的な特徴や違いを見出し、進化の過程を考察するなどして、分類の再検討が

写真3 Alexei Abramov 博士．サンクトペテルブルクの動物学研究所にて(1997年12月)

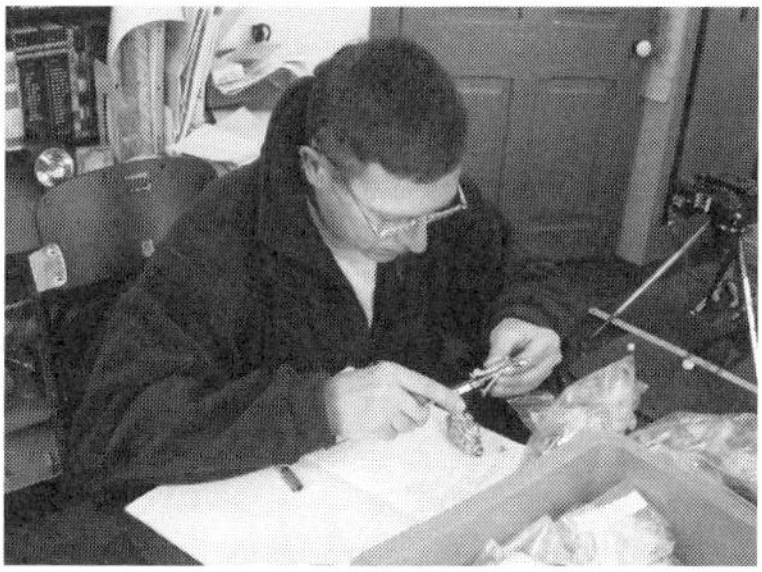

写真4 北海道大学植物園博物館で標本計測するA. Abramov博士(2004年11月)

行われる（写真4）。最近では、撮画像から計測値の統計処理がなされることもある。

また、以前は、ロシアの研究者は地道で興味深い研究をロシア語の雑誌に発表することが多かったが、最近では英文雑誌にも積極的に報告するようになった。その一環として、この動物学研究所の哺乳類学部門が中心となり、ロシアで唯一の哺乳類学の英文国際専門誌"Russian Journal of Theriology"が２００２年から定期的に刊行されるようになった（図1）。

図1 Russian Journal of Theriology 第1号（2002年）の表紙

アブラモフ博士との研究交流を通じて、ユーラシア大陸の動物との比較研究による、日本固有種の分類学的な再検討も行われた。そこで、ここでは、分類学において重要な「学名」について述べたい。

図鑑に掲載されているすべての生物には名前が付けられている。また、種の定義については、第1章で紹介した。さらに、前節でも記したように、生物種を識別する名前には、「和名」、「英名」などの他に「学名」がある。「和名」とは、日本語のカタカナで表記する生物名である。

私たち自身の和名は「ヒト」である。ヒトの「英名」は、human である。さらに、分類学では、世界共通で、斜体のラテン語表記の属名と種名の「二名法」による「学名」が使用されている。ヒトの学名は *Homo sapiens* である。ヒグマは和名であり、その英名は brown bear、そして学名は *Ursus arctos* である。「二名法」は、スウェーデンの生物学者カール・フォン・リンネ(1707〜1778年)によって提唱され、現在も種分類の基本として使用されている。次節で紹介する亜種も斜体のラテン語で表すことになっている。なお、亜種とは、種よりも下位にある分類群で、地域変異として捉えることもある。同種内に複数の亜種が分類されていることが多い。

分類体系において、属から上位に向かって、順に、科、目、綱、門、界、ドメインとなる。これらには日本語表記もあるので、合わせて、ドメインから下位の種まで見ていくと、ヒトの場合、以下のようになる。

真核生物ドメイン(Eukaryota)
動物界(Animalia)
脊索動物門(Chordata)

哺乳綱(Mammalia)
霊長目(Primates)
ヒト科(Hominidae)
ヒト属(*Homo*)
ヒト種(*sapiens*)

また、ヒグマも哺乳類なので、綱まではヒトと同じだが、その下位の目からは、食肉目(Carnivora)、クマ科(Ursidae)、ヒグマ属(*Ursus*)、ヒグマ(*arctos*)となる。

種が記載されるということは、このように、学名が与えられることである。野外で採集された生物やすでに博物館に保管されている標本について調査分析を行い、従来の種と比較して、新しい種を記載していくことが、分類学研究の中心である。

固有種の位置づけと再検討

さて、極東の果てに位置する日本列島には、第1章でも述べたように、哺乳類だけを見ても固有種に進化した種が多い。固有種と判定するには、他の地域の種と比較検討しなければならない。では、どのようにして、日本の哺乳類に学名がつけられ、国際的に日本固有種が紹介されたのであろうか？　最初にその役割を果たしたのが１８４２年から１８４４年にかけてオランダで出版されたFauna Japonica（『ファウナ・ヤポニカ』または『日本動物誌』と訳される）の哺乳動物編である。ここには哺乳類を含む日本の動物がカラーの絵画入りで紹介されている。これは、ドイツ出身の医師で博物学者でもあったフィリップ・フランツ・フォン・シーボルト（１７９６〜１８６６年）が、１８２３年から１８２９年に長崎の出島にあったオランダ商館に滞在した間に収集した動物の標本と絵画をもとにしたものである。シーボルトは西洋医学を日本人学生に教えたが、当時は鎖国のため自由に出島の外に出ることができなかった。そのため、日本人の弟子のネットワークを使って各地から動植物の標本や資料を集めた。それらの標本・資料は、オランダのライデン博物館へ送られた後、コンラート・ヤコブ・テミンク（１７７８〜１８５８年）、ヘルマン・シュレーゲル（１８０４〜１８８４年）、ウィレヘム・デ・ハーン（１８０１〜１８５５年）によって研究され、哺乳類、鳥類、爬虫類、魚類、甲殻類という分類群ごとに、１８３３年から１８５０年にかけて、『ファウナ・ヤポニカ』として出版された。そこでは、様々な動物に日本固有の学名がつけられている。日本固有の両生類であるシュレーゲルアオガエル（*Rhacophorus schlegelli*）には、和名にも学名にも上記の研究者シュレーゲルの名前が付けら

図2　ニホンイタチ．『ファウナ・ヤポニカ』(北海道大学理学部図書室所蔵の復刻版)より

れている。なお、シーボルトは植物についても標本を収集し、Flora Japonica(『フローラ・ヤポニカ』または『日本植物誌』と訳される)が、1835年から1870年にかけて出版されている。

さて、『ファウナ・ヤポニカ』に記載されている哺乳類のひとつに、*Mustela itatsi*(ニホンイタチ)がある(図2)。その図譜に見られるように、この動物は、胴長で茶褐色の地味な動物であり、日本列島の本土に分布する。この学名のうち、*Mustela* はイタチ属であるが、*itatsi* という種名は、この動物が当時も日本語で「いたち」と呼ばれていたことを示している。おそらく、シーボルトは、イタチの日本語の発音を記録していたのであろう。このように、ニホンイタチは、『ファウナ・ヤポニカ』において日本固有の独立種として記載されたのであるが、その後、出版されたヨーロッパの動物図鑑では、ニホンイタチの学名は、北ユーラシアに広く分布するシベリアイタチ(*Mustela sibirica*)の亜種(*M. s. itatsi*)に位置づけられていた。つまり、特に理由もな

図3　ニホンアナグマ．同前

く、ニホンイタチはシベリアイタチの中の日本集団であるという認識となっていたのである。

一方、日本列島には現在も8種のイタチ科が分布しているが（絶滅したカワウソを除く）、ミトコンドリアDNAの分子系統学的特徴を調べたところ、ニホンイタチがシベリアイタチと系統進化的には近縁であるが、遺伝的には種間レベルの違いで分化していることが判明した。同じ頃、ロシア科学アカデミー動物学研究所のアブラモフ博士も、ニホンイタチとシベリアイタチの頭骨形態を詳細に比較し、両者の間には別種にすべき程の違いがあることを報告した。これらの研究成果により、シーボルトたちが『ファウナ・ヤポニカ』で原記載した独立種ニホンイタチが、世界的にも独立種として認められるようになった。ここで感心することは、はるか極東の出島に来ていたシーボルトが、種々の生物標本を地道に収集し、オランダへ送り、そのひとつひとつを分析したこと、さらに、種々の生物の特徴の独自性を見出していたことである。

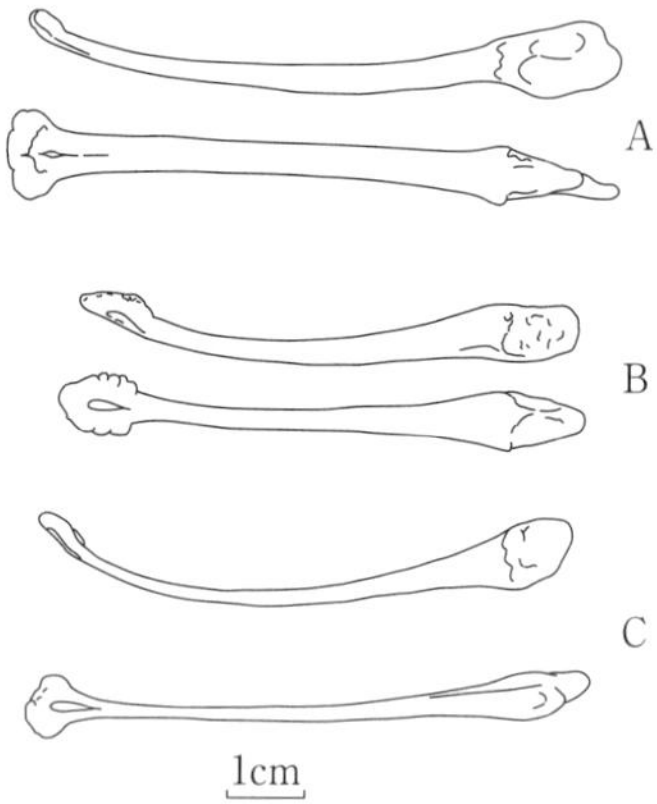

図4　アナグマ3種の陰茎骨の形態.
A　ヨーロッパアナグマ（上：側面，下：背面　以下同様）
B　アジアアナグマ
C　ニホンアナグマ
Abramov (2002) より

ニホンイタチと同様に分類学的に議論してきた種として、『ファウナ・ヤポニカ』に記載されている *Meles anakuma*（ニホンアナグマ）があげられる（図3）。やはり、江戸時代でもこの動物の呼称が「あなくま」であったことがわかる。アナグマの漢字表記は穴熊であるが、クマ科ではなくイタチ科である。その体型は、ニホンイタチのような胴長ではなく、ずんぐりむっくりしており、日本のイタチ科では最も大型である。ニホンアナグマの『ファウナ・ヤポニカ』での原記載では独立種として扱われていたが、その後、特別な理由もなく、ヨーロッパの図鑑では、ユーラシア大陸に生息するヨーロッパアナグマ（*Meles meles*）の亜種（*M. m. anakuma*）と分類されるようになった。アブラモフ博士は、サンクトペテルブルクに保管されている、ユーラシアのほとんどの分布域から集められたアナグマ属 *Meles* の頭骨標本や陰茎骨を比較解析し、ニホンアナグマに独自性があることを報告した。なお、陰茎骨は、食肉類の多くの種においてオスに存在する骨であり、頭骨に加えて、その形態的特徴が分類の指標として分析対象となっている(図4)。アナグマの体表に寄生する外部寄生虫の種も比較され、地理的な寄生虫の分布の違いが報告されている。さらに、ミトコンドリアDNAの分子系統解析により、ニホンアナグマが大陸のアナグマとは明確に異なることが明らかにされた(第4章図3参照)。よって、やはり、シーボルトたちによって『ファウナ・ヤポニカ』にて原記載されたように、ニホンアナグマは独立種にすべきことが示された。最近では、海外の研究者によっても、ニホンアナグマは日本固有種 *Meles anakuma* として認識されている。

さらに、アブラモフ博士らは、ユーラシア大陸の中部から東部にかけて広く分布するアジアアナグマも、亜種ではなく独立種 *Meles leucurus* としており、ヴォルガ川が、その西側に分布するヨーロッパアナグマ *Meles meles* との分布境界線であることを報告していた。この分布境界の現状については、第4章で詳しく紹介する。

亜種分類と地理的変異

では、ニホンイタチに近縁で、ユーラシアに広く分布するシベリアイタチの特徴はどのようなものであろうか？　アブラモフ博士は、サンクトペテルブルクに集積された各地のシベリアイタチの標本を用いて、このテーマについて取り組んできた。

この動物は、ニホンイタチより大型・茶褐色のイタチで、ウラル山脈あたりから極東にかけて広く分布する（図5、第7章写真8参照）。このようなユーラシア大陸の中央部から東部にわたる分布域をもつ動物を対象にすることは、地理的に考えて、西ヨーロッパの研究者には難しいため、ロシアの研究者の独壇場である。その頭骨形態の比較解析により、地域集団ごとに様々な変異が明らかにされた。シベリアや中国のほとんどの地域には、中型サイズの亜種 *M. s. sibirica* が分布する一方、極東ロシア、朝鮮半島、中国東部には大型サイズの亜種 *M. s. manchurica* が分布している。また、日本の対馬と韓国の済州島の島嶼集団は、地理的に近い大陸東部の大型サイズではなく、大陸内部の西方に分布する中型サイズの *M. s. sibirica* に近縁であったと報告されている。ヒマラヤ東部

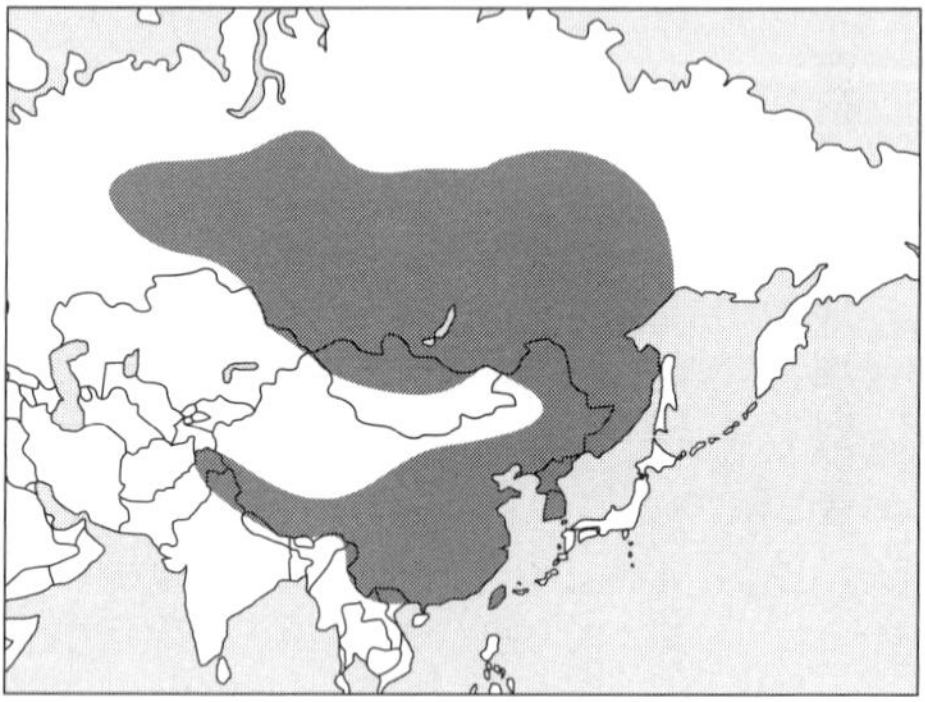

図5　シベリアイタチの分布地図

写真5　サンクトペテルブルクの港に静かに係留されるアウロラ号

（ミャンマー、中国南西部）の小型の集団は、別亜種 *M. s. moupinensis* に分類された。さらに、ヒマラヤ西部（カシミール、ネパール、シッキム）の集団の形態的特徴は、シベリアイタチの特徴からは離れており、別種 *Mustela subhemachalana* に分類されている。

一方、ユーラシア広域のシベリアイタチに関するミトコンドリアDNA全塩基配列による分子系統解析においても、対馬とシベリアの集団の近縁性が示されており、分子と形態による系統関係の整合性がある。これは、対馬集団と内陸集団の起源が同じ中型サイズの系統にあり、大陸の広域にわたるその分散後、ユーラシア東部には大型サイズの系統が南部から極東ロシア、朝鮮半島、中国東部へ侵入し、入れ替えが起こったことが示唆されている。

シベリアイタチの地理的変異に関する研究の一環とし

て、アブラモフ博士は、日本在来のシベリアイタチが分布する唯一の地域である対馬を訪問したことがある。対馬の資料館で歴史展示を見学している時に、彼は日露戦争の日本海海戦(対馬沖海戦)の古い写真の前で足を止めていた。この海戦は、1905年5月、サンクトペテルブルクからはるばる日本海までやってきたバルチック艦隊が、対馬沖合いで日本海軍連合艦隊と交戦したものである。当時、軍艦から放たれた大砲の音が対馬まで響いていたそうである。また、アブラモフ博士の話によると、ロシア人は、この海戦が対馬沖で行われたことを歴史として学んでおり、「ツシマ」という言葉はよく知られているとのことであった。そのバルチック艦隊の中にいた巡洋艦アウロラは、その後、サンクトペテルブルクへ戻り、ロシア革命の際も重要な役割を果たしたとされるが、現在は、博物館として港に静かに係留されている(写真5)。

このように、水の都サンクトペテルブルクは、様々な歴史を経て現在に至っており、今に続く動物学研究もその歴史と深く関係しているのである。

第4章　ヴォルガ川の流れと動物の境界線

ヴォルガ川とその地形

広大なロシアでは、交通機関として、陸運に加えて、河川を利用した水運が発達した。その水運には、北ユーラシアに流れる大河がその役割を担ってきた。ロシアの河川の源は内陸にあり、流れは周囲の海洋に注がれる。第3章で紹介したネヴァ川はバルト海へ、次章以降に出てくるシベリアの大河であるオビ川、エニセイ川およびレナ川は北極海へ、アムール川(黒龍江)はオホーツク海へ注いでいる。一方、ロシア民謡「ヴォルガの舟歌」でも知られるヴォルガ川は、世界最大の湖であるカスピ海に注ぐ。カスピ海は、上述のような海洋ではなく、塩水を湛える内陸の巨大な湖である(図1)。

ヴォルガ川は、ロシア西部を北から南に流れており、上流を遡るといくつかの支流にたどり着く。この本流と支流は、航路になるほどの川幅と水量を有しているため、人が通過する際の

図1　ヴォルガ川とその支流およびウラル山脈

妨げとなるとともに、動物集団の移動にとっても地理的障壁となっている。そのひとつの例として、第3章で紹介したユーラシアのアナグマ2種、ヨーロッパアナグマ（*Meles meles*）（口絵16）とアジアアナグマ（*M. leucurus*）（口絵17）の主な分布境界線がヴォルガ川であることが知られている。つまり、ヴォルガ水系より東方であるアジア側には、アジアアナグマがシベリアおよび極東域まで広く分布している。一方、ヴォルガの西方であるヨーロッパ側には、ヨーロッパアナグマがヨーロッパ大陸およびブリテン諸島まで分布している。

本章の主題となるヴォルガ川の中流域の左岸畔には、サマーラの町(人口約116万3000人)がある(写真1)。サマーラは、日本の人々にとってあまり馴染みがないかもしれないが、2018年のサッカーワールドカップでは、会場のひとつとなったので、よく知られるようにな

写真1　(上)サマーラの新旧の家並み
(中)いざ，船に乗り込む
(下)ヴォルガ川から見たサマーラの町

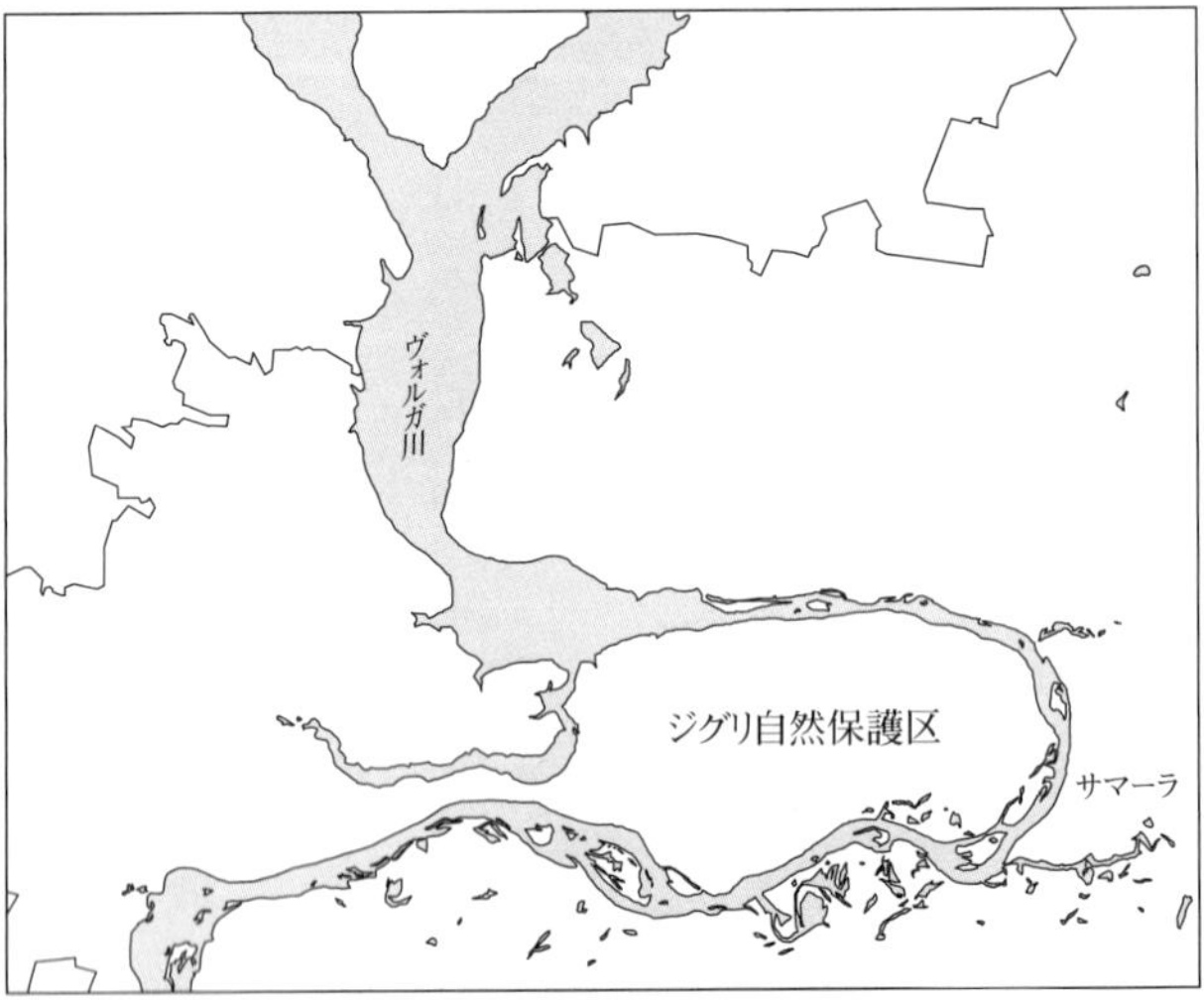

図2　ジグリ自然保護区の周辺地図

った。フィンランドのヘルシンキ空港からは、サマーラへのフライト直行便もある。サマーラ周辺域では、ヴォルガ川が蛇行しているため、この流れの特徴は「サマーラ曲がり」と呼ばれている。サマーラの対岸(ヨーロッパ側)で半島のようにはみ出した地域は、「ジグリ自然保護区」を含んでいる(図2、口絵13、15)。現在でもヴォルガ川は人や荷物を運搬する水路として使われている。サマーラの河畔から定期便の船に乗り(写真1、口絵14)、左岸(上流から見た左側を左岸という。船上からは遡るので右手)にサマーラの町並み、右岸には山並みを眺めながら、ヴォルガの流れを2時間ほど遡ることにより、ジグリ自然保護区の船着場に到着する。

ロシア民謡「ヴォルガの舟歌」に加えて、ヴォルガに関してよく知られているものは、画家イリヤ・レーピン(1844~1930年)による絵画「ヴォルガの舟曳き」である。この絵は、第3章で述べたサンクトペテルブルクにある国立ロシア美術館に所蔵されている世界的にも著名なものである。レーピンは、ロシアの人々の生活を写実的に描いた絵画を発表したことで知られており、「ヴォルガの舟曳き」を描くために、実際に当時のジグリ自然保護区あたりに滞在し、人々がヴォルガ川で大きな船を曳く姿を観察したという。この地には、レーピンの資料館があり、彼の絵画の歴史やその当時の人々の生活習慣を伝えている(写真2)。

動物の聖域、ジグリ自然保護区

ジグリ自然保護区は、ヴォルガ川に囲まれた山々で構成される特異な地形を有しており、動物地理学的にも興味深い地域である。その特徴のひとつは、ヴォルガ川の西側(ヨーロッパ側)に位置していながらも、アジアアナグマが分布していることである。その理由はまだ明らかにされていないが、この半島の形状をもつ地域に、ヴォルガ川の東側にいるアジアアナグマの集団の一部が取り残され、地理的に隔離されていると考えられる。冬季には、アナグマも巣穴か

写真2　(上)画家レーピンが描いた絵画「ヴォルガの舟曳き」国立ロシア美術館所蔵
(右下)レーピン資料館での伝統的な生活用品の展示
(左下)レーピン資料館でのレーピン像

らは出なくなる傾向にあるが、過去には、結氷したヴォルガの氷上を東側から西側のジグリへ歩いて移動した個体がいたのかもしれない。

このアナグマがジグリ自然保護区のシンボルとなっている。アナグマのデザインを施したTシャツ、帽子、土産物が見られる。この自然保護区では、アナグマの飼育展示用の飼育が開始されている(写真3、口絵17)。さらに、この地域に生活している一般市民の間でも、児童たちが描いたアナグマの水彩画の展覧会が行われていた（写真4）。世界的に見ても、このようにアナグマをシンボルとする地域は希少であろう。まさに、ヴォルガ河畔のジグリはアナグマの聖域である。

また、ジグリ自然保護区では採石場跡が洞窟のまま残されており、そこに生息する多様なコウモリ15種のコロニーが保護されている（写真5）。さらに、ヨーロッパヤマネの生態調査も行われている。また、ジグリ特有の植物も知られている。ヴォルガ川の蛇行による地理的隔離の

写真3　（上）ジグリ自然保護区からヴォルガ川を眺める
（下）ジグリ自然保護区事務所のアナグマ飼育舎

写真4　ジグリ自然保護区近くのジグレフスクの町の子どもたちによるアナグマ絵画の展覧会

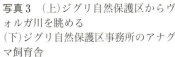

写真 5　(右上)ジグリ自然保護区にある採石場の廃坑がコウモリ生息地として保護されている
(左上)展示資料館のコウモリ標本．コウモリの分類や生態が自然保護教育にも生かされている
(下)展示資料館にて解説する自然保護官 V. Vekhnik 博士(中央)．右は A. Abramov 博士

結果がここに見られる。
しかし、ジグリの山々とヴォルガ川の間にできた道路が両地域間の動物移動の障壁となっており、生態系への影響が懸念される、と自然保護官のウラジミール・ヴェクニク(Vladimir Vekhnik)博士は語っていた(写真5)。

アナグマ2種のコンタクトゾーン、キーロフ

サマーラからさらにヴォルガ川の上流をたどるとカザンの町があるが、その手前で東方から流れるカマ川と合流する。カマ川を遡るとペルミの町があり、その東側はウラル山脈(第5章参照)である。ペルミに至る前で、ビャトカ川がカマ川に合流している。この辺りでは、ヴォルガ川の本流と支流が複雑な流れをつくっているが、その流れがアジアアナグマとヨーロッパアナグマの分布を分ける地理的障壁となっていることがわかってきた。その興味深い研究成果を見ていくことにしよう。

ビャトカ川をさらに遡るとその左岸には、人口50万7000人程の町キーロフがある。キーロフとは、ソビエト連邦時代の革命家セルゲイ・キーロフの名にちなんだ名称である。モスクワからキーロフへの航空便があるが、サンクトペテルブルクからキーロフまでの列車の旅もま

写真6　列車内には個室が並ぶ

た風情がある。サンクトペテルブルク発の夜行列車に乗れば（口絵19）、モスクワを経由して、翌朝にはキーロフに到着する一晩の旅となる（写真6）。ロシアでの鉄道建設は、ニコライ一世（在位1825〜1855年）の時代に始まった。「はじめに」で紹介した榎本武揚が記した『シベリア日記』には、1878年、榎本がサンクトペテルブルクからウラジオストクまでの横断の旅において、まずはモスクワまで鉄道を利用した時の様子が記されている。その鉄道の車窓からは、起伏のない平坦な土地で、あまり太くない白樺や針葉樹の森が延々と続いていたと書かれている。榎本が旅してから140年程を経た現在、列車は蒸気機関車からディーゼル機関車に変わったが、やはり車窓の風景は当時と同様に単調な森林が続いている。ロシアの人たちは、夏でも冬でも列車の各車両に設置されているサモワール（湯沸かし器）から熱い湯を陶器のカップに取り、ゆったりとロシアンティーを飲みながら、そんな景色を眺める旅を楽しんでいる（写真7）。

ヴォルガ水系に囲まれたキーロフには、動物学の研究機関として、ロシア狩猟管理毛皮生産研究所がある。ここでは、この地域に生息する様々な狩猟獣の管理・保護およびそのための生態学的研究がなされている。フィールド調査が活発に行われており、独自の森林ステーションを有している(写真8)。アナグマも狩猟獣であり、その生態を調査することは研究対象のひとつになっている。

キーロフの町(口絵20)はビャトカ川の左岸に位置している(写真9)。単純に考えれば、キーロフ側にはアジアアナグマが分布し、対岸にはヨーロッパアナグマが分布することになる。両アナグマ間には外見上の特徴の違いがある。まず、顔面にある2本の黒い縦縞が、ヨーロッパ型では両目の下から両耳の下にかけて走っているのに対し、アジア型ではその2本の縦縞が両耳の間を走って背中に抜けていており、2本の間の間隔が狭い。一方、キーロフの研究者アレキサンダー・サヴェリョフ(Alexander Saveljev)博士、ヴャチェスラフ・ソロヴィエフ(Vyacheslav Solovyev)博士らの調査により、キーロフ周辺では、両種の中間型の特徴をもつ個体がいることが知られていた。つまり、その縞が

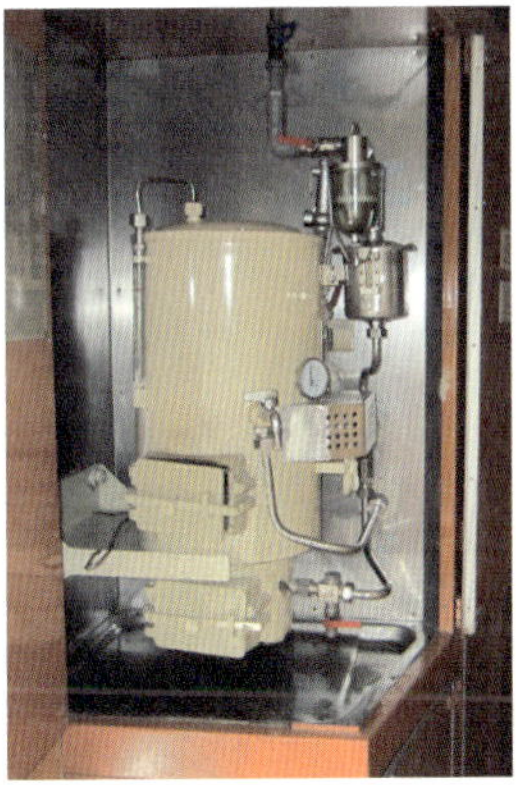

写真7 ロシアの列車ではサモワールが常備されている

両耳の内側をすり抜けるのではなく、内側あたりにかかったストライプとなっている個体が見られるのである（写真10）。加えて、東西のアナグマ間で頭骨の形態の違いも知られている。そのひとつとして、眼窩《がんか》下孔（血管や神経が通る眼窩の下方で貫通している孔）の特徴として、アジアアナグマでは横幅が広いのに対し、ヨーロッパアナグマでは縦幅が広い。また、歯の特徴について、アジアアナグマでは上下の第1前臼歯が欠損し、下顎の第2前臼歯の歯根部が1本であ

写真8　(上)キーロフにあるロシア狩猟管理毛皮生産研究所
(下)日露共同調査．研究所の森林ステーションにて

写真9　高台からのビャトカ川．キーロフにて

るのに対し、ヨーロッパアナグマでは上下の第1前臼歯はほとんどの個体で存在するが、下顎の第2前臼歯の歯根部が2本に分かれている(写真11)。

このように2種間で明瞭な外見・形態上の違いが見られるが、その中間型と思われる特徴が様々な程度で観察されている。このような多様な中間型が分布していることは、両種の雑種化が進んでいることを示すと考えられていた。これを検証するために、ロシアとの共同研究として、キーロフ周辺に分布するアナグマの詳細なDNA分析を行うこととなった。

写真10　(上)自動カメラで撮影された同腹のアナグマ．前者はアジアアナグマの紋様をもつが，後者はアジアアナグマとヨーロッパアナグマの中間型の特徴をもつ
(下)巣穴の前で戯れる同腹のアナグマ．ともにV. Solovyev博士提供

DNA分析が解き明かす雑種化

第1章で見たように、哺乳類のような有性生殖(雌雄からの配偶子が接合

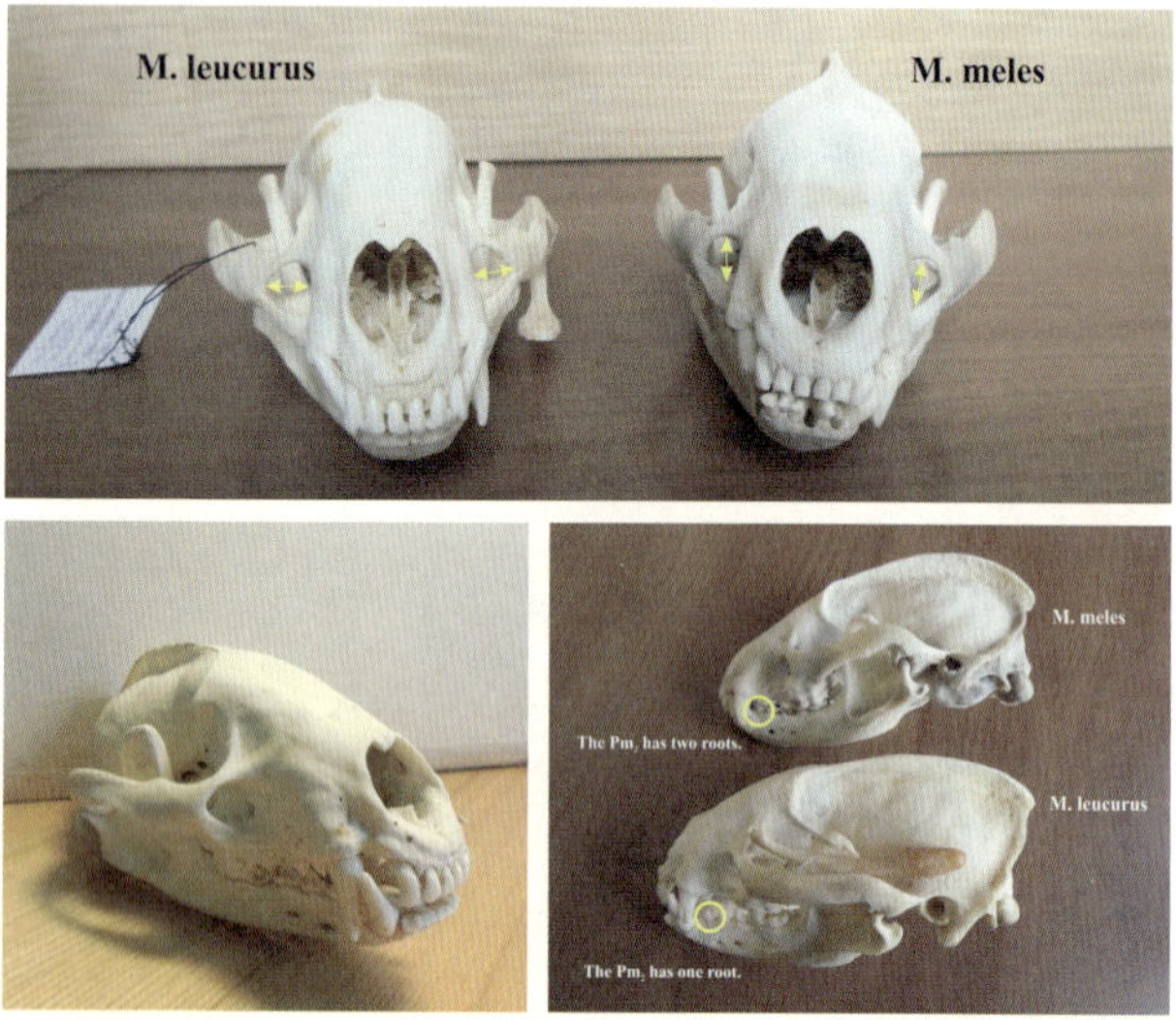

写真 11　（上）アナグマ 2 種の頭骨．向かって左側がアジアアナグマ，右側がヨーロッパアナグマ．アジアアナグマの眼窩下孔はより横に広い
（下右）アジアアナグマ［下］の第 2 前臼歯の歯根部は 1 本に対し，ヨーロッパアナグマ［上］ではその歯根部が 2 本である
（下左）両種間の雑種の頭骨．すべて V. Solovyev 博士提供

して次世代が生まれること）する生物では、その遺伝子の遺伝様式として、両親からの両性遺伝、母親からの母系遺伝、父親からの父系遺伝の３つがある。これらの遺伝様式に着目してＤＮＡ分析を行うことにより、アナグマの両親をたどり、雑種化の有無を解明できると考えられた。両性遺伝子（二つの対立遺伝子をもつ。二倍体ともいう）として常染色体上の複数のマイクロサテライト遺伝子、母系遺伝子としてミトコンドリアＤＮＡ、父

系遺伝子として*SRY*遺伝子(Y染色体上のオス決定遺伝子)および*ZFY*遺伝子(Y染色体上のZinc-finger protein遺伝子)のタイプを調べた。その結果、大変興味深いことに、明らかなヨーロッパ型および明らかなアジア型が見出されたのに加え、その中間型のタイプをもつアナグマがキーロフ周辺に分布していることが判明した。さらにその中間型を詳細に調べると、両性遺伝子は様々の程度に両種の(対立)遺伝子の組み合わせが見られた。つまり、アナグマ両種間の雑種化が起こっていることが示されたのである。生物学の授業で学ぶ「メンデルの遺伝の法則」では、別種どうしが交配(交雑ともいう)した子のことを「雑種第一代」、さらに、雑種第一代どうしが交配した子のことを「雑種第二代」と呼んでいる。キーロフ周辺で見出されたアナグマの中間型では、両性遺伝するマイクロサテライトのデータから統計的に、雑種第一代、雑種第二代に相当する個体も推定された。さらに、雑種第一代と元の親の種が交配して生まれた子のことを「戻し交配(交雑)」というが、それに相当するような個体も見出された。教科書に出てくる雑種は、飼育室での交配実験の上で親と子の関係がわかっている家系図に基づいているが、自然界のアナグマ集団では、長い時間をかけて、様々なケースで雑種化が進んできたことが推定された。

一方、母系遺伝子や父系遺伝子は一個体につき一種類のみなので、両親からのタイプ(塩基配列)が変化することなく、子孫にそのまま伝えられる。マイクロサテライト遺伝子型から雑種と判定された個体について、母系や父系の遺伝子タイプを見てみると、一方の種から偏って遺伝していることはないこともわかった。つまり、両種の間では、雌雄の間で偏りなく交配を起こしていることが考えられた。戻し交配においても同様に、両種間で交配の仕方に偏りはないと思われる。

雑種化の背景

キーロフ周辺域のビャトカ川沿いには、アナグマが好む生息域が広がっている。針葉樹と広葉樹の混合林および森林から近い草原が生活環境である。アナグマはその名前の通り、地面に巣穴を掘って生活している。巣を作る場所として、山の斜面を利用することが多い(写真12)。そんなアナグマを自動撮影カメラで撮影すると、中間型を示す個体がしばしば記録されることがある。自動撮影カメラは、赤外線または動きを感知するセンサーと連結しており、生態学調査にしばしば用いられる。野生動物が通ると思われる「けもの道」や巣穴の傍にある樹木などに設置することにより、カメラの前を通る動物の体温や動きを感知して、自動的にシャッターが切られるため、カメラトラップと呼ばれることもある。研究者がその場にいなくても、その

周辺に分布する動物を撮影することができるので、研究者にも動物にもストレスがほとんどない調査方法である。カメラトラップによる成果は、その地域に分布する動物相の解明につながるため、ミクロな動物地理学研究にも貢献している(写真13)。

さて、ここで、雑種化が起こる要因を考えてみよう。一般に、イタチ科に属す多くの種では、メスに比べオスが大型化する「性的二型」が見られる。しかし、アジアアナグマとヨーロッパアナグマではどちらも雌雄間で体サイズの差が比較的小さい。両種間で生息環境も類似している。よって、両種間で生態的な棲みわけはなく、両者が出会った際には、同種の個体間と同様に生殖行動が行わ

写真 12　(上)草原におけるアナグマの生息環境
(下)森林の中のアナグマの巣穴．ともにV. Solovyev 博士提供

れるものと思われる。第1章で紹介した接合前隔離機構も接合後隔離機構もはたらくことがなく、雑種化が起こっているのではないだろうか。

生物学的種の概念（第1章で紹介したように、「種とは実際にあるいは潜在的に相互交配する自然集団であり、他の集団から生殖的に隔離されている」という説）にしたがえば、両アナグマは相互交配しているので、同種にすべきではないのか、と思われるかもしれない。一方、前述したように、両アナグマの形態的特徴は異なり、分子系統学的にも別系統である（図3）。少なくとも言えることは、両者の系統は異なるが雑種化が起こるため、遺伝的には近縁であるということである。実は、食肉類では例が少ないが、別種と扱われている種間での雑種が知られている。イタチ科での例

写真13　（上）カメラトラップを設置する V. Solovyev 博士
（下）カメラトラップに写ったデータをチェックする．キーロフ郊外にて

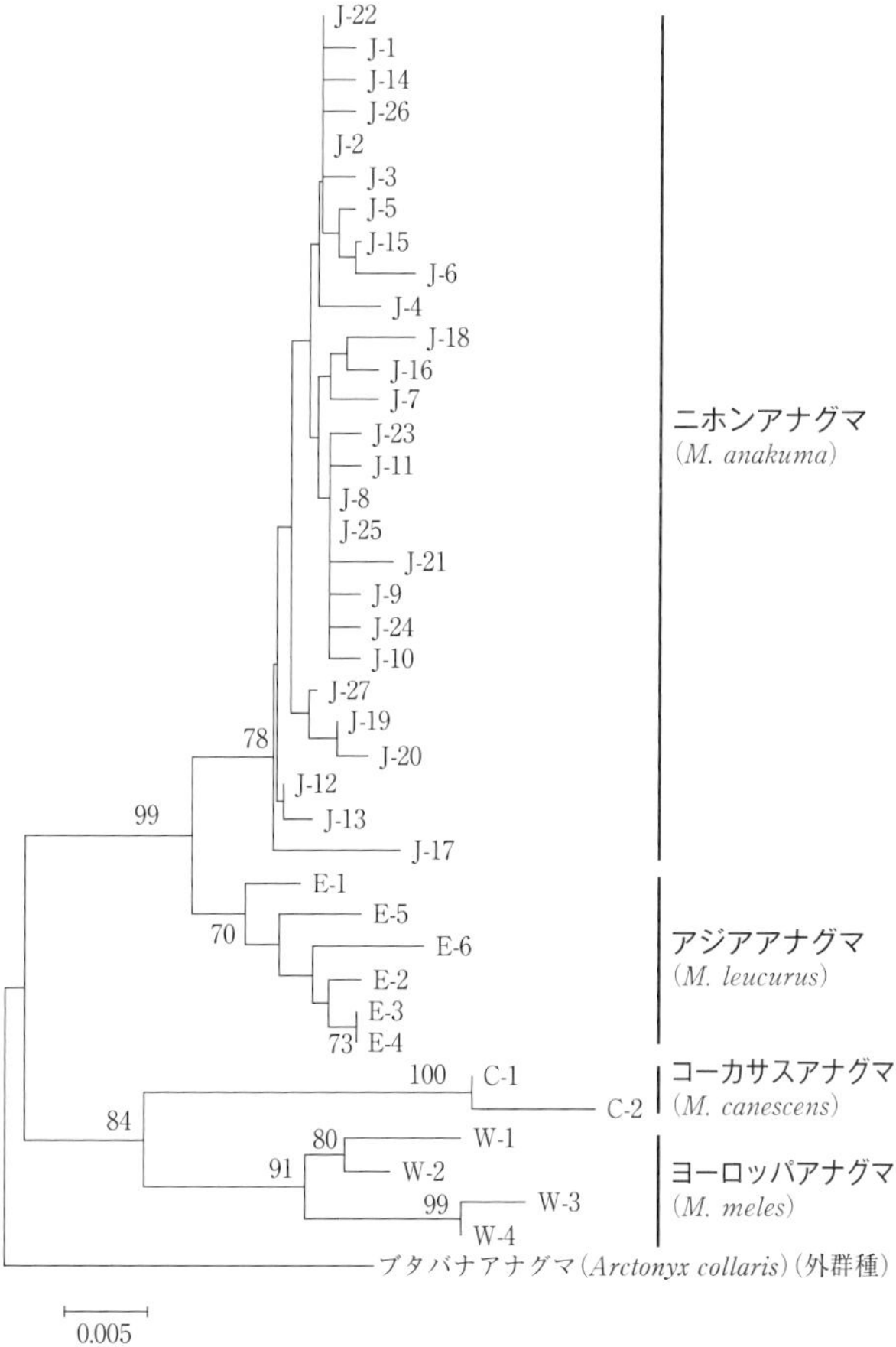

図3　ユーラシアのアナグマ属 *Meles* 4 種のミトコンドリア DNA による分子系統樹．枝上の数値は枝分かれの信頼性(単位%，最高 100%)を表すブーツストラップ値．Tashima et al. (2011)より

としては、ヨーロッパミンク(*Mustela lutreola*)とヨーロッパケナガイタチ(*Mustela putorius*)との雑種があげられる。これらの雑種化の要因は明らかになっていない。一つの可能性としては、個体数が関係しているかもしれない。互いの種の個体数が十分であれば、その分布域も安定して棲みわけも行われると考えられるが、一方の種の個体数が減少した際に、他方が分布を拡大し、個体数が減少した種の生息域に入り込み、コンタクトゾーンが増すことにより、交配する機会が増えることが考えられる。そして、遺伝的な近縁性が残っていれば(接合後隔離機構が確立していなければ)、雑種ができることがあるのではないかと推測される。一方、北米では、絶滅危惧種アカオオカミ(*Canis rufus*)が、コヨーテとオオカミの雑種化によって形成された可能性も指摘されており、種の保全のあり方も含めた複雑な課題となっている。

ユーラシアのアナグマの話に戻ろう。アナグマ化石骨の形態的特徴を調べた古生物学的研究によると、過去のアジアアナグマとヨーロッパアナグマの分布境界は、どうやらもっと東方にあり、その位置は第5章の舞台でもあるウラル山脈周辺であったようである。最終氷期が終わり、約1万年前から現在までを完新世と呼んでいるが、その間に、両種の分布境界が徐々に東方から西方へ移動し、現在のヴォルガ水系になったと考えられている。では、アジアアナグマが西へ進出した(ヨーロッパアナグマが西へ後退した)理由は何であろうか? これも現在のとこ

ろ、いまだ明確な答えは得られていない。先に述べたように、両種の体サイズには大きな違いはない。食性では、アジアアナグマの方がより草食性に傾いていることに対し、ヨーロッパアナグマはより肉食性であるという違いが報告されている。古環境変動による植生や餌となる無脊椎動物も含めた動物相の変化が、アジアアナグマの西方移動(ヨーロッパアナグマの西方への後退)を促したのかもしれない。今後、両種の移動と雑種化はどのように進んで行くのであろうか? この研究は、学界のみではなく、ロシアの一般社会においても関心が持たれている。アナグマに関するロシアと日本の共同研究は、ロシアのテレビニュースにもなるほどである。今後の研究の進展に期待したい。

ユーラシアでの他のアナグマとその分布

ユーラシアに生息するアナグマ *Meles* 属は4種である。つまり、アジアアナグマとヨーロッパアナグマに加えて、中近東に生息するコーカサスアナグマ(*Meles canescens*)、第3章で紹介した日本固有種であるニホンアナグマである。ニホンアナグマの特徴は、その毛色が全体的に薄い茶色で、顔面のストライプが弱いか、またはほとんどなく目の周囲だけに濃い茶色が見られるのみである(第3章参照)。ニホンアナグマは日本列島の本土に分布するため、その分布は本土を囲む海峡で完全に隔離されている。アジア大陸のアジアアナグマとコンタクトすることはない。また、韓国の済州《チェジュ》島には、アジアアナグマが生息するが、日本の対馬にはアナグマは分布しない。一方、コーカサスアナグマの毛色は、ヨーロッパアナグマに似ている。これら4種は分子系統学的にも大きく分化している(図3)。これらアナグマ属*Meles*は、アフリカ大陸や南北アメリカ大陸には生息していない。彼らの起源はユーラシアのどこかであろう。ユーラシア内で分散後に、地理的な隔離により遺伝的に分化したが、最近になって再びコンタクトし始めている可能性がある。

ユーラシア大陸では、ヴォルガ水系以外でもアナグマ種間のコンタクトゾーンが存在する可能性がある。その一つは、ヨーロッパアナグマとコーカサスアナグマの境界線となっている、ボスポラス海峡・ダーダネルス海峡(両者は黒海と地中海とを結ぶ海峡)の周辺域である。バルカン半島のブルガリアでは、これまで遺伝学的にもヨーロッパアナグマしか見出されていない。これら二つの海峡の形成は古く、両種は地理的に隔離され、現在、出会うことはないと考えられているが、今後、詳細な研究が必要であろう。

さらに、コーカサスアナグマとアジアアナグマのコンタクトゾーンとして、二カ所の地域の可能性が指摘されている。一つの地域は、黒海とカスピ海に挟まれたコーカサス山脈である。

その北側にはアジアアナグマの分布域が、南側にはコーカサスアナグマの分布域が広がる。もう一つは、中央アジアの天山山脈周辺である。コーカサス山脈や天山山脈の周辺はまだ十分な研究が行われていない。コーカサス山脈は、第5章で紹介するヒグマ集団に関しても動物地理学的に興味深い場所だ。アナグマの種間コンタクトゾーンでの雑種化の解明は、ユーラシア大陸での動物地理学研究に大きく貢献する課題であり、その発展が期待される。

写真14 キーロフ周辺は水系が複雑なため乗用車も船で運ばれる

ヴォルガ水系と他の動物

前述したように、豊かで複雑な流れを生み出しているヴォルガ水系は、水運にも利用されてきた。1878年、列車でサンクトペテルブルクを発った榎本武揚は、モスクワを経てヴォルガ河畔の街ニジニー・ノブゴロドに到着後、そこからはヴォルガ川上の汽船に乗り、カザンを経てペルミまで達している。当時からこのような航路が存在したのである。現在でも、近くに橋のない地域では、渡し舟で自動車を運んでいる(写真14)。

その水系に生息する動物も多い。魚類は豊富である。網を入れると小型であるが様々な種類の魚が捕獲される。ソテーにしたり、唐揚げにしたりして、調査中の食卓に上がる。海から離れた地域であるため、淡水魚が中心の魚料理となる。森林ステーションで研究生活する際にも、研究者たちは時間の合間に近くの川に網を仕掛けて食用に魚を獲っている(写真15、口絵21)。

写真15 (上)魚網を仕掛ける．ヴォルガ水系は魚種が豊富だ
(中)ノーザンパイク(*Esox lucius*)，ロシア語で“シュチュカ”．キーロフにて
(下)パイクパーチ(*Sander lucioperca*)，ロシア語で“スダック”．サマーラにて

ヴォルガ水系には、大型げっ歯類で絶滅の危機に瀕するヨーロッパビーバー（*Castor fiber*）が分布している。よく知られているようにビーバーは、河畔に生える低木を鋭い歯でかじって切り倒し、それを材料として川にダムを作って営巣する。そのため、個体数が少なくてもビーバーが生息する河川では、水がある程度せき止められて環境が池のように変わり、水草類、魚類、昆虫類が多様化し、それを食べに訪れる水鳥の個体数と種数も増していく。このように、個体数が少なくても、生態系に大きな影響を与える動物のことを「キーストーン種」という。ビーバーは、数少ないキーストーン種の一種である。前述のキーロフにあるロシア狩猟管

写真 16　(上)かじった木の枝で作られたヨーロッパビーバーの巣．すでに水辺は凍っている
(下)雪の中のヨーロッパビーバー．ともに A. Saveljev 博士提供

写真17　ウサギ狩りはハンターと猟犬との共同作業である．キーロフにて

理毛皮生産研究所のサヴェリョフ博士は、長年の間、ビーバーの生態学研究と保全活動に取り組んでいる(口絵18)。この種が絶滅した地域の環境を復元した上で、ビーバー導入の試みも行われている(写真16)。

また、キーロフ周辺では、アナグマ以外の食肉類として、オオカミ、アカギツネ、オオヤマネコ(*Lynx lynx*)などが豊富に生息する。それは、これらの動物集団を支えるだけの餌となるげっ歯類やノウサギも豊富に分布していることを意味する。同研究所が対象とする狩猟獣には、そのノウサギも含まれる。現在でも、ハンターによるウサギ狩りが行われている。ウサギ狩りとは、数名のハンターと猟犬が一体となって、草原や農地にいるノウサギを四方から狭い林へ追い込み、ハンティングする狩猟法である。私もハンターの後ろを追いながら見学したことがある。普段は冗談を言って和やかな大柄なハンターたちが、狩りの場では他のハンターからの流れ弾にも注意しながら、口笛や声の合図を送りながら真剣な面持ちとなってノウサギを追っている姿があった(写真17)。

第5章　東西を分けるウラル山脈とヒグマ

ウラル山脈の地形

広大なユーラシアを東洋と西洋に分ける境界線はあるだろうか？　そもそも、東洋とか西洋は人間社会が考えた区分であるが、その定義はなかなか難しい。しかし、ロシアでは、「ウラル山脈」が東西の自然を分かつ境界だという意見が多い(口絵23)。ヨーロッパ側から見て、ウラル山脈より東側に「シベリア」が広がる。本章では、ウラル山脈にまつわる動物地理を見ていくことにしよう。

ヴォルガ川からさらに東に向かうと、東経60度前後において南北に走るウラル山脈に出会う。この山脈の長さは約２５００キロメートルに及び、北は北極海沿岸まで、南はロシアを越え、カザフスタンのアラル海近くにまで達している。その標高には起伏があり、１８９５メートルのナロードナヤ山が最高峰で、平均標高が９００メートルから１２００メートルで連なってい

写真1　(上)ウラル山脈に設置された東西を分ける碑．この石碑は，V.N. Tatishchevのウラル山脈の研究に基づき，1837年，ヨーロッパとアジアの分水嶺であるここビルチ山(413メートル)に設置された
(下)ここから東はシベリアだ．江戸時代の大黒屋光太夫や明治時代の榎本武揚もこのような峠を馬車で通り過ぎたのだろう

る。また、山脈の傾斜は穏やかであり、山脈に入っても山脈とは余り感じない。前述した榎本武揚は、馬車でウラル山脈を西から東へ越えているが、その『シベリア日記』において、ウラル山脈は高い山が見られない丘のようであり、山脈を感じさせない、ということを述べている。

一方、第4章で紹介したカマ川もウラル山脈の西側に源を発する。ウラル山脈の東側には、オビ川水系の源流がある(写真1)。

ウラル南部の町、エカテリンブルク

ウラル山脈の南部には、ロシアで4番目に人口の多い都市エカテリンブルクがある(約147万人)。ロシアで最も人口が多い都市は、もちろん首都モスクワである(約1250万人)。続く2番目に人口が多い都市は第3章で紹介したサンクトペテルブルクで、3番目はオビ川河畔の新しい都市ノボシビルスクである(約161万人)。

1723年に建設されたエカテリンブルクの名称は、ピョートル大帝(第3章参照)の皇后で、後に皇帝となったエカテリナ一世にちなんでつけられた。ロシア革命後の1924年から1991年には、革命家ヤーコフ・スヴェルドロフにちなんでスヴェルドロフスクと呼ばれていたが、再びエカテリンブルクという名に戻された。古くからウラル地域の交通の要衝で、工業・教育・文化の中心地として発展してきた。歴史上、ロシア革命の際に、当時の首都サンクトペテルブルクからエカテリンブルクに移されたロシア皇帝ニコライ二世(在位1894〜1917年)とその家族の最期の地となったことでも知られている(口絵22)。

エカテリンブルクは、モスクワから東に1600キロメートル以上離れている。日本から直

写真2　(上)真冬のエカテリンブルク市街．終日マイナス20°Cの野外でも物売りがされ，ドアのない公衆電話が使用されている，(中)氷祭りを楽しむエカテリンブルク市民，(下)レーニンも寒そうだ

行の航空便はない。よって、日本から最も早く、乗り換えの少ない渡航方法は、まずはシベリア上空を約10時間半かけてモスクワへ飛び、そこからエカテリンブルクへ約2時間半かけて東へ戻るフライトの旅となる。私は夏の7月にも真冬の2月にもエカテリンブルクを訪問したことがあるが、乗り継ぎのため、日本から到着したモスクワ空港ではいつも真夜中に数時間を過

ごし、時差ボケの状態で早朝にエカテリンブルク空港に到着するというハードなスケジュールであった。夏の日中は30℃以上、冬は終日マイナス20℃となることもあった（写真2）。

ウラル山脈での動物研究

エカテリンブルクには、ロシア科学アカデミーウラル支部動植物生態学研究所がある（写真3）。その各部門でウラル地域の生態学的研究が進められているが、その中でも古環境生態学部門長のパヴェル・コーシンチェフ（Pavel Kosintsev）博士は、哺乳類を対象とした古生物学と生態学の研究に取り組んでいる。第4章

写真3　（上）エカテリンブルクにあるロシア科学アカデミーウラル支部動植物生態学研究所での日露交流セミナー
（下）研究室の前に立つパヴェル・コーシンチェフ博士

で紹介した「アジアアナグマとヨーロッパアナグマの分布境界が、時代を経るにしたがって、ウラル山脈の東方から山脈を越えて西方のヴォルガ川あたりへ移動した」ことを化石の形態学的解析によって報告したのは、コーシンチェフ博士らである。

また、第2章で紹介したイタチ科クロテン（口絵9）は、その生息地である北ユーラシアの寒冷地に適した上質な毛皮を有している。ロシア人が広大なユーラシアの西方から極東へ向かって進出した理由の一つは、毛皮として利用するクロテンを捕獲するためであったと言われている。このことは、第7章でも語ることとなる。現在のクロテンの分布域は、北ユーラシアの中でも極東からウラル山脈にまで及んでいる。一方、第2章で紹介したように、フェノスカンジア域に分布する別種マツテンの集団には、遺伝子浸透によりクロテンのミトコンドリアＤＮＡタイプをもっている個体が見出されている。テン属（*Martes*）全体の中でも、クロテンとマツテンが分子系統学的にも近縁で、その分岐年代は１００万年前と推定されている。クロテンはユーラシア東部に拡散したのに対し、マツテンはヨーロッパ北部および比較的標高の高い地域に分布を広げた。両種が独立に進化し、ミトコンドリアＤＮＡも明確に分化した後に、再び両種がコンタクトし、クロテンからマツテンへ遺伝子浸透したと考えた方が現状を説明しやすい。クロテンはそれ以上、西方へは拡散せず、分布の西端はウラル山脈あたりにとどまっている。

イタチ科には、シベリアの名がついたシベリアイタチがいる。このイタチの分布(第3章図5参照)は、ウラル山脈周辺から東のシベリアを経て極東の沿海地方や朝鮮半島および中国東部、さらに、韓国の済州島および日本の対馬である。対馬以外の日本列島のシベリアイタチ集団は、朝鮮半島由来の外来種である。九州、四国、および本州西部の平野部に見られ、現在、中部地方にまで分布を拡大している。第1章で述べたように、「本土」に在来種として分布するニホンイタチは、シベリアイタチが侵入した西日本では、山間部へ追いやられている。他方、シベリアイタチもクロテンも、その分布の西端がウラル山脈あたりとなっている。これらイタチ科2種の食性について、シベリアイタチが比較的肉食性が強いのに対し、クロテンは雑食性である。このような生態的な相違により、2種はシベリアにおいて同所的に生活できるのかもしれない。しかし、それ以上西方へ進出できない理由については、ヨーロッパ側のイタチ科との生態的競合があるのかどうか、現在のところ明らかにされていない。

動植物生態学研究所では、シベリアの広範囲を覆う「タイガ」も研究対象である。タイガとは、亜寒帯に分布する針葉樹林のことであり、ユーラシアに加え、北米大陸にも広がっている。タイガの中にも分布境界が見てとれ、シベリア中央部を流れるエニセイ川(第7章参照)を境にして、東側ではカラマツ属の落葉針葉樹を中心とした明るい森が形成されている。一方、西側

写真4　エカテリンブルク上空からの眺望．市街地は雪で白く見える一方，黒く見えるタイガの森で囲まれている

では、常緑針葉樹であるモミ属とトウヒ属が中心に分布するため暗い森となっている。極東域では、再び、常緑針葉樹が多くなる。シベリアの動物たちは、タイガの森およびその間のステップの草原などに適応して進化してきた。飛行機で上空から眺めると、エカテリンブルクをはじめとする町が、広大なタイガに取り囲まれている（写真4）。

ウラル山脈の陸の孤島

コーシンチェフ博士らは、鍾乳洞や河畔などから哺乳類化石を発掘してきた。私も何度か彼らの調査に同行させていただき、ウラル周辺の自然を観察することができた。その訪問地の一つに、ビジャイがある（第4章図1参照）。

エカテリンブルクは、ウラル山脈の南部に位置するが、その北方にビジャイという小さな町がある。エカテリンブルクからビジャイまでの道程は、順調に車で行っても二日はかかる。ロ

シアの調査では、いろいろなアクシデントがつきものであり、計画通りには進まないことが多い。車の故障もその一つである。日本では、車の故障は工場の専門家に任せることになるが、ロシアでは小さな故障はドライバーや同乗している仲間が直してしまう。車に限らないことではあるが、ロシアでは購入したものを自分で直し、使用できなくなるまで使い切る、物を大切にするという姿勢が見られる(写真5)。

写真5　調査行の途中で故障車を修理する

南部からビジャイへ向かう途中、西方(左手)に位置する山脈にはやはり高い山は見当たらない。舗装された道路は少なくなり、タイガの森の中に切り開かれた土がむき出しとなった狭い道がまっすぐに続く。天候が悪いと泥と水たまりの悪路となる。天気がよいと、今度はひどい土埃が舞う。そのため、一行の車列において先頭車はよいが、二台目からは前の車によって立ち上った土埃を被ることになる。そんなことを繰り返しながら進むタイガの森の合間に湿地帯や草原が出現したり、村というよりも小さな集落が忽然と現れることがある。しかし、そのような集落にも当然のことながらホテルの

写真6　(上)ウラル山中の集落の家
(下)宿泊した民家で使われていた井戸

ような宿泊施設はない。一行は道沿いの民家で交渉し、その離れにある物置小屋を借りることにした。人が住んでいる家屋には電気が来ているが、物置小屋には電気はないので、持参した卓上ランプやヘッドランプを使う。この辺りの集落にはまだ水道設備がなく、井戸が使われている。自炊用に研究所から持参したガス、コンロ、ヤカンを用いて湯を沸かして紅茶を作り、これも持参した黒パン、魚の缶詰、甘い大きなクッキー(日本でいうロシアンケーキ)などで夕食をとる。旅の途中で暖をとる際には、昼も夜もしばしば紅茶を飲む。榎本の『シベリア日記』、フイッツェンマイヤー著『シベリアのマンモス』にも、お茶を飲む場面がしばしば出てくる。物置小屋なので、就寝に際しては、もちろんベッドなどは準備されていない。持参した寝袋を床の上に敷いて寝ることになる。シベリアの調査では、夜露を防ぐことができるだけでも幸せなのである(写真6)。

ビジャイには、食料を調達できる店がある。しかし、私たちの目的の地は、さらにその先、車で半日はかかるタイガの森の中にあった。そこは数件の家のみがある村落であった。かつて、ここには流刑囚の収容施設があったとのことで、その跡地や古い建物が残っていた。自動車のない時代には、この地はまさに陸の孤島であり、だからこそ流刑民が送られたのであろう。帝政ロシア時代の『シベリア日記』や『シベリアのマンモス』にも、シベリアへ送られる政治犯などの流刑民一行に時々出会ったことが記されている。このビジャイを二度目に訪問した時には、森林火災のために(森林火災については第7章で触れる)その収容施設跡は消滅していた。現在、この村ではエコツアーが行われ、ロシアの観光客や自然観察研修の学生が訪れている(口絵24)。

写真７　シベリアの移動で大活躍するロシア製トラック

鍾乳洞とヒグマ化石

ビジャイ周辺では石灰岩の山々が多く（口絵26）、むき出しになった洞窟や大小様々の鍾乳洞が発見されている。そして、それらの洞窟や鍾乳洞からは、更新世から完新世にかけての動物の骨が発掘されている。遺跡からは古代人によって捕獲され食べられた後の動物骨、鍾乳洞からは動物が自然に穴に落ちて堆積した骨などが見つかっている。石灰岩に囲まれた鍾乳洞やその中を流れる水分には炭酸カルシウムが多量に含まれているため、同じような成分でできている動物骨は、鍾乳洞の中で残存しやすい。さらに、ウラル山脈周辺の寒冷気候は、動物遺存体を残しやすい。このような化石が残存しやすい好条件の地において、コーシンチェフ博士らは、発掘作業と出土動物骨の分類作業を行いながら、ウラル周辺の動物地理学的歴史の研究に取り組んでいる。

動物骨が発見された鍾乳洞を訪れる旅のここまでは、舗装されていない土埃の多い道を進んできた。それより奥ではさらに状況が悪くなり、道がないことも多い。そんな時には、行く手

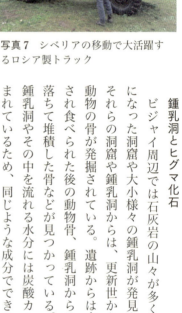

に倒木、深い水たまり、川の流れがあろうとも物ともしないロシア製トラックが活躍する。そのトラックの助手席に乗せてもらった。障害を乗り越えるたびに、クッションがない座席に衝撃が伝わり転げ落ちそうなる。乗り心地は今ひとつだが、シベリアの自然の中を移動するには極めて有効である(写真7、口絵27)。

写真8　ボートで川を遡る

行く手に河川が立ちはだかる際には、ボートをチャーターして、さらに前に進む。第4章でも紹介したように、ロシアでは大きな河川が水路とされているが、小さな河川もここでは水路に利用される。川の両岸には、タイガの森の木々、さらに石灰岩の岩肌がそびえ立つ。そんな眺めの中で川を遡って行く(写真8)。目的地近くで下船して林の中を歩き、やっとのことで鍾乳洞の入り口に到達する。ここが入り口だ、と言われなければ、見逃すような直径1メートルもない小さな「穴」が岩の隙間にあるのみである。穴の中は下方に傾斜しているため、足からゆっくりとうつむけ加減で入っていかねばならない。中はどうなっているのか？　ロシア人の洞窟専門家が同行しているとはいえ、閉所恐怖症の人は入るのをためらうであろう。はるばる日本から苦労してやってきたのだから、覚悟を決めて入ってみることにする。

ここからは、自身の体力とヘッドランプの光だけが頼りである。鍾乳洞の中へ進むにしたがって、入り口の光は遠ざかっていく。本当に入り口に戻れるのだろうか？　一瞬そのような思いがよぎるが、先頭が進んで行くのでもうそれに追随していくほかはない。途中、足元が滑らないようにして慎重に急峻な岩を登り、再び狭い岩穴を抜ける。すると、暗闇の中から水の流れが聞こえ始める。その音が徐々に近づき、洞窟の中を小川が流れていることがわかる。さらに、しばらく進むと広い空間に出る。入り口から約2キロメートルは奥に歩いてきたという。天井は、ヘッドランプで照らしても光が届かないくらいの高さがある。横の壁には白い柱が連なっている。鐘乳石の柱だ。洞窟の天井から滴り落ちる地下水に含まれる炭酸カルシウムが、結晶化して鐘乳石を形成していく。どれ程の時をかけて形成されたのだろうか？　ここで、調査隊一行のヘッドランプをすべて消してみることになった。するとどうだろう。そこには、数千年、数万年も続いてきたにちがいない静寂な暗闇に覆われた神秘的な世界があった。

それを体験したのち、今度は地面に光を当て観察することにする。そこは、鐘乳石や割れた石灰岩が転がっているだけのようであった。しかし、周囲をくまなく見ていくと、それらの石とは異なる茶褐色の物体が、石灰岩の隙間の砂（泥といってもよい）の中からはみ出しているのが目についた。すかさず駆け寄ってみると、それは動物の骨であることがわかった。骨というと白色の硬いものを想像しがちであるが、その骨は茶色と黒色がまだらになった色合いを呈しており、まさしく大型哺乳類のヒグマの顎の化石骨であった。さらに、一行は興奮しながら調査を続け、複数個体のヒグマの骨格化石を発見することができた。おそらく、ヒグマの冬眠穴

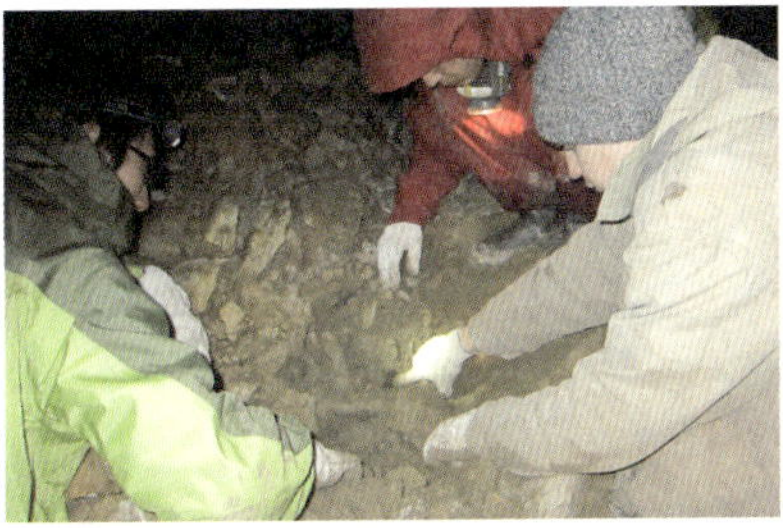

写真 9　(上)鍾乳洞の中で発掘
(中)出土したヒグマの骨
(下)テントでの休憩の楽しいひと時．黒パン，缶詰の魚，紅茶の味が懐かしい

となったこの洞窟で冬季に死亡したか、または、近くで死亡した個体の骨が流されて集積されたのだろう。その時代は、少なくとも完新世の前、最終氷期のものであろうと考えられている(写真9)。

ヒグマの動物地理学的歴史

ヒグマは北半球に広く分布する(口絵25)が、このように化石が見つかれば、少なくとも当時、そこに分布していたことは明白となる。現在でも、ウラル山脈にはヒグマが現存している。ウラル周辺からは、完新世のヒグマ骨も出土しているので、おそらく、更新世から現在までヒグマが分布し続けてきたのであろう。

なぜこのように苦労して、ロシアの研究者との共同研究により、ユーラシアにおけるヒグマの動物地理学的歴史を探求するのか？　それは、日本列島の北海道に生息しているヒグマの起源をたどることにもつながるからだ。主な手法としては、第1章で紹介した分子系統学的解析を導入し、海外の研究者の報告データとも比較する。ミトコンドリアDNA遺伝情報の分子系統も効果的であるが、さらにその全塩基配列データに基づき、系統分けに重要な遺伝情報だけを検出するAPLP(amplified PCR fragment length polymorphism)法というものがある。ヒト以外

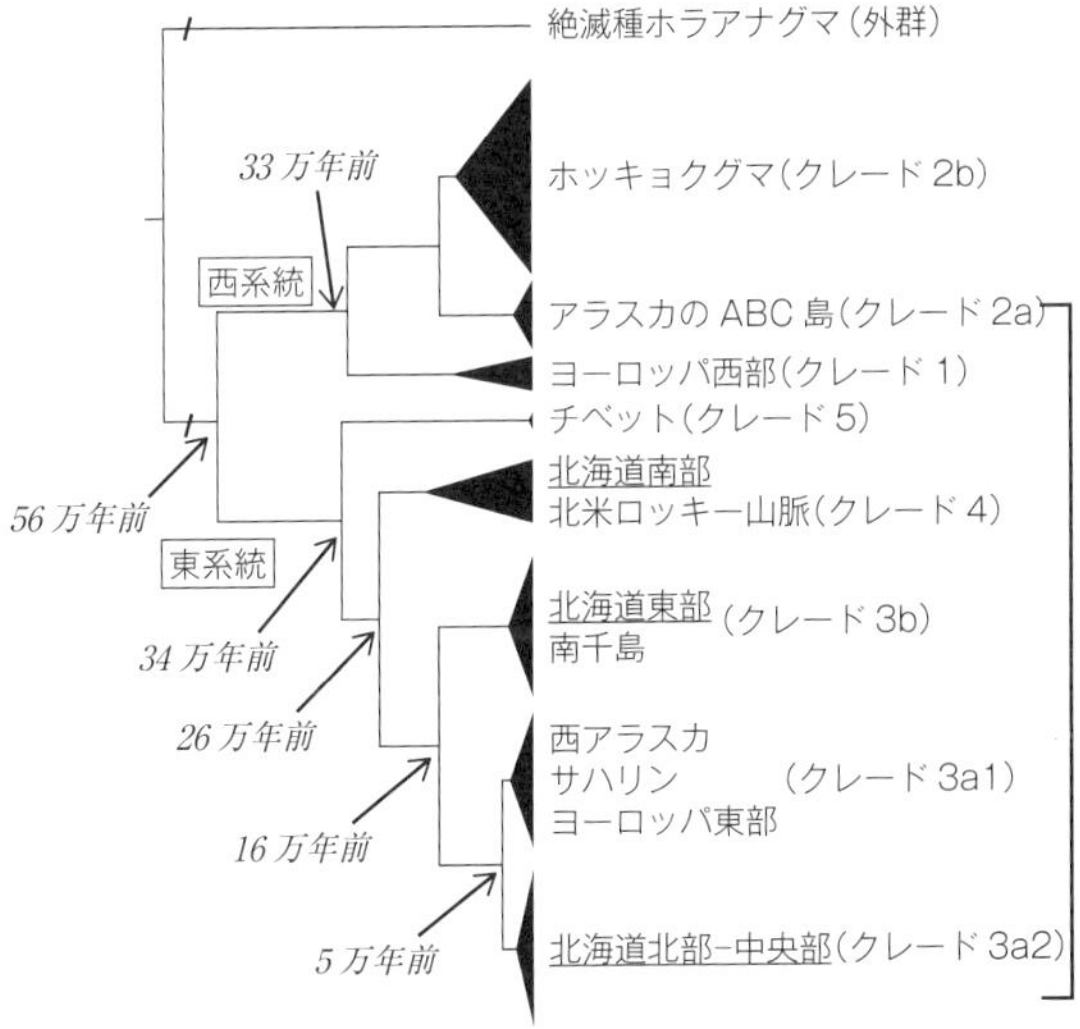

図 1　ヒグマの系統樹．Hirata et al. (2013) より

の動物では、APLP法は開発されていなかったが、私たちの研究室において、ヒグマのAPLP法の開発に成功した。

これらの手法を利用した研究の展開の鍵となったのが、日本列島の北海道ヒグマ集団において、ミトコンドリアDNAの三つのグループが別々の地域に分布していることを発見したことであった。それらのグループは、道南、道北－道央、道東に分布しており、世界的な分け方でいうと、各々、クレード4、クレード3a2、クレード3bである。因みに、「クレード」とはギリシャ語の「枝」が由来で、「系統」のことである。私たちは、これらの3クレードを「北海道ヒグマの三重構造」と呼んでいる。そして、各系統の分岐年代を算出することで、各系統の新旧が明らかになる(図1)。

世界的に見ると、ヒグマは大きく東西の二つの系統に分けられる。西系統は、西ヨーロッパのクレード1(クレード1aはイベリア系列、クレード1bはバルカン系列)、クレード2aはアラスカABC島(アドミラルティ島、バラノフ島、チャチャゴフ島)の系列、クレード2bはホッキョクグマの系列で構成される。ミトコンドリアDNAから見ると、ホッキョクグマはヒグマの一つの集団として捉えることができる。

それ以外のクレード3からクレード5は東系統を構成する。その東系統の中を見ていくと、まず、クレード5はチベット高原に分布する。クレード3a1はウラル山脈を含む東ヨーロッパからシベリアと西アラスカにかけて広く分布し、前述の北海道の道北-道央のみに分布するクレード3a2と系統的に近い。ミトコンドリアDNAのクレードで見る限り、ウラル山脈は地理的障壁にはなっていないようである。次に、クレード3bは、興味深いことに、前述の道東および遠く離れた北米大陸の東アラスカに分布する。クレード4は、前述の道南および北米大陸のロッキー山脈あたりに分布する。このように、ミトコンドリアDNAのクレードは系統的に明瞭に分かれ、かつ、別々の地域に分布する。さらに、同じクレードが、ユーラシア大陸と北米大陸の間で共通して分布しているという現象が見られる。加えて興味深い点は、その中で三つのクレードが北海道に分布することである。この北海道での分布パターンと分岐年代を考え合わせることにより、世界的なヒグマの移動の歴史をより深く考察できる。まず、北海道への渡来の順番は、道南(クレード4)、道東(クレード3b)、そして道北‐道央(クレード3a2)であると推定される。ユーラシア大陸からベーリング陸橋を通じて渡来したと考えられる北米のクレードの分布位置は、北海道でのクレードの分布位置と整合性が見られるため、特に東ユーラシアにおけるヒグマの移動の歴史を推測しうるのである。

さらに、ロシアとの共同研究を進めることにより、ユーラシア大陸におけるアルタイ山脈とコーカサス山脈に、道東/東アラスカ系列であるクレード3bが分布していることが明らかになった。コーカサス山脈は、他の動物についても、最終氷期の逃避所と考えられており、ヒグマの動物地理にとっても重要な地域であると考えられる。また、道北‐道央系列であるクレード3a2は、シベリアに広く分布するクレード3a1と極めて近縁なので、北海道で進化したものであろう。あとは、道南/北米ロッキー山脈系列であるクレード4がユーラシア大陸のどこかに分布している(または分布していた)と期待されるので、それを明らかにしていくことが今後の課題の一つであると考えている。これらの研究には、第6章で述べる、化石を対象とした古代DNA分析が効果を発揮するであろう。

写真10　タイガの森

シベリアの生態系に生きる蚊、アブ、ダニ

この章の最後に、昆虫にまつわるロシアでの貴重な体験を紹介しよう。

世界各地には多様な生態系が展開している。シベリアでは、これまで語ったように、比較的平坦な土地に広大なタイガの森が広がり、様々な動物が世代を重ねて進化してきた（写真10）。この生態系の成立には長い年月がかかっている。これは、文献を読めば理解できるように思われるが、その土地に行って体験して初めて理解できることも多い。

その一つは、夏のシベリアでタイガの森に入った瞬間に出会う猛烈な蚊《カ》の大群の存在である。日本の蚊に比べると大型の蚊が、むき出しになったあらゆる皮膚を狙って刺してくる（写真11）。それだけではない。衣服の表面からも生地の網目を通して、針状になった口器を皮膚に伸ばして刺してくる。顔、首筋、手が刺されることが多い。症状はほぼ一定していて、刺されると1日目と2日目にかけて、刺された皮膚の直径2〜3センチメートルが赤く腫れてかゆくなる。顔に数カ所刺されれば、赤く腫れ上がってしまうほどだ。3日目には腫れは残るが、かゆみは治っていく。4〜5日目には腫れが引き始めるという過程を経る。フィッツェンマイヤーの『シベリアのマンモス』では、1901年に数カ月かけて旅したシベリアの自然が語られている。その時も、やはり、激しい蚊の襲撃により、馬車につないだ白馬の毛色が赤く染まるほど出血したことが記載されている。その他にも猛烈な蚊の話を聞いたことがあるが、百聞は一見(体験)にしかずである。

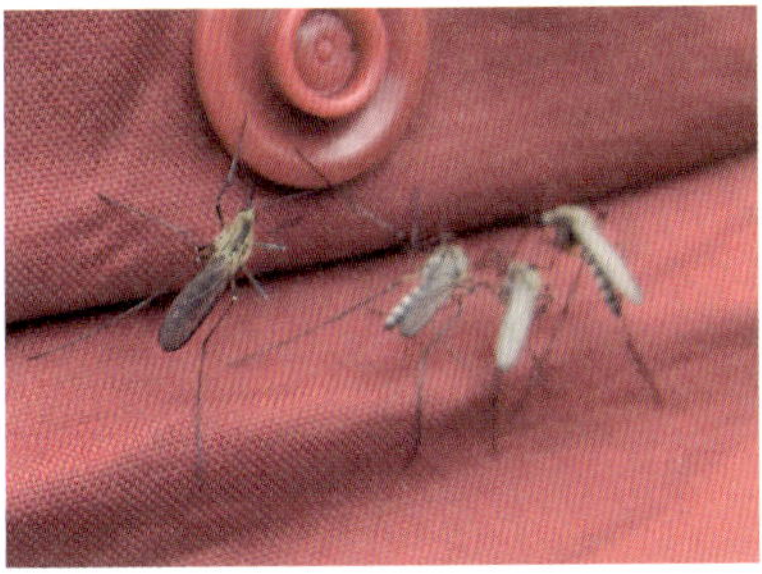

写真11　衣服の上からでも刺してくる蚊

蚊に刺されないためにはどうしたらよいか？　まずは、蚊よけの薬を皮膚や衣服に塗ることである。日本製の防虫薬はあまり役に立たない。ただし、日本から持参した北海道産のハッカ油は塗った当初は効果があるが、有効時間が1時間ももたない。ロシアの研究者たちが使用しているロシア製の防虫薬は有効で、かつ、その時間も長いことがわかった。刺さ

写真12　衣服の上からでもかみついてくるアブ

れた後のかゆみ止め薬も然りである。郷に入っては郷にしたがえである。

一方、野外でも閉め切ったテントの中では日本製の蚊取り線香が抜群の効果をもたらす。携帯用ケースに入れた線香を身の回りに保持しておけば、野外での食事の際にも比較的刺されない。また、昆虫である蚊は変温動物であるため、夜間や早朝の気温が低い時間帯には飛翔ができなくなるので安心できるひと時である。前述した鍾乳洞のような深い洞窟の中も低温なので、蚊はやって来ない。

シベリアでは、蚊の大群の他にも、アブの大群が見られることもある。シベリアの人たちによると、アブが多い夏には蚊は少ないとのことである。アブは2センチメートルほどの大型のもので、腹部には黄色と黒色の縞模様があるため、一瞬、スズメバチと見間違える。アブは、腹部の先に蜂《ハチ》のような毒針（メスの産卵管から変化したもの）をもたないが、口器がターゲットの皮膚を切り裂いて体液を吸うように変化している。そのため、アブに皮膚を噛まれて血液を吸われるまでに時間がかかるので、アブに噛まれていることは認識できる。それに対し、蚊の口器は皮膚を刺すことに特化して進化しているので、刺されてもすぐには気づかないことが多い。アブは、比較的森の中には少ないが、前述の川面を行くボート上の人たちにさえ群がって追いかけてくる。また、家の庭で飼われているイヌの周囲にも群がるため、攻撃してくるアブに耐えられないイヌが、アブをめがけて何度もジャンプし、口でくわえようとしている行動を目撃した(写真12)。

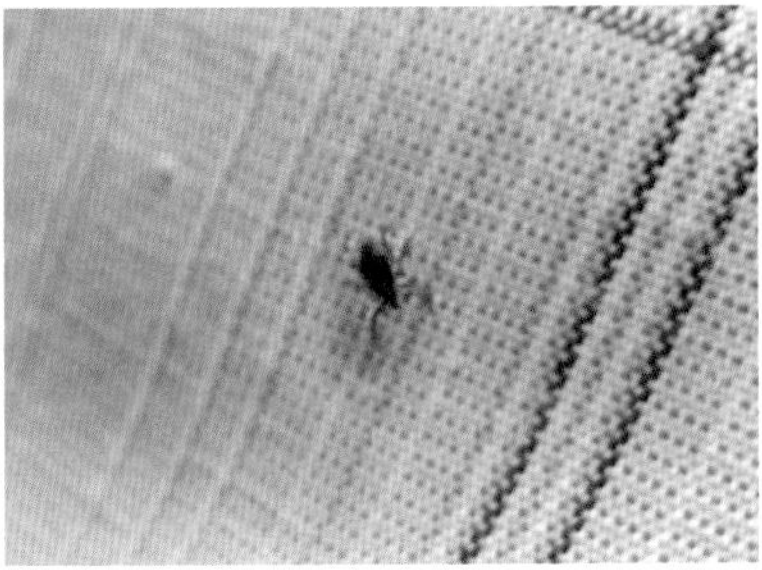

写真 13　森にはダニも潜んでいる

森に入る際には、ダニにも気をつける必要がある。ダニは、分類学的には、節足動物門クモ鋼に含まれるダニ目である。昆虫綱ではない。シベリアの森には、哺乳類に外部寄生するダニが多い。ダニ媒介性脳炎ウイルスなどの病原体をもっているダニに皮膚を吸血されると、感染症を発症する可能性がある。ダニは樹木の枝や葉に止まり、ヒトを含めた動物が通って体が接触する機会をじっと待っている。また、地面から靴を這い上がり、ズボンの裾や服の袖、襟元などから侵入する。よって、衣類の隙間にダニが入り込まないような服装を心がけるとともに、除虫薬スプレーを吹きかけておく必要がある。その際もやはり、シベリアでの調査経験が豊富なロシア人のアドバイスに従って使用したロシア製の虫除け薬が効果的である。森から出た際には、二人一組となり、互いの全身の衣服の表面を念入りに眺め合って、ダニが付着していないかどうかを確認する(写真13)。

蚊やアブは、短い夏の間に、卵からの孵化、蛹化、羽化、交尾とメスの産卵、死亡という一世代を終えて、長い冬の間は卵で越冬し、次の夏の世代に備えるというライフサイクルを繰り返している。彼らは、大群を形成しながら、哺乳類のような野生動物に依存して進化してきたシベリアの生態系の一員なのである。

一方、前出の榎本武揚は『シベリア日記』で、シベリア横断中に訪問した民家や宿舎の寝床で、しばしば、トコジラミ(ナンキンムシともいう)に悩まされたと記している。トコジラミといっても、これはシラミではない。その体長が5〜7ミリメートルと小型で、吸血性のカメムシ目の昆虫である。これは主にヒトに外部寄生し、人間活動と共に移動してきた昆虫である。私は、幸いにして未だこの昆虫に出会ったことがない。現在では、駆虫剤により駆除されており、また、宿泊施設などの衛生状態は改善されたものと思われる。

第6章　シベリアとマンモス

シベリアのトボリスク

　ウラル山脈を越えた東方にはシベリアが広がる。シベリアの気候は、南部から北部へ向かうにしたがって、亜寒帯、寒帯、ツンドラ、そして極地となり、北極海に至る。高山は少なく、湿地帯もあるが、主に平坦な土地である。シベリアからさらに極東に勢力を広げていったロシアが、その最初の拠点とした町が今から紹介するトボリスクである(第4章図1参照)。オビ川支流のイルティッシュ川河畔にあり、人口は約9万9000人である。エカテリンブルクから東に約600キロメートルの地点にあり、車で走るとまる1日かかる。ロシアでは、東洋系の人たちはタタールと呼ばれてきたが、トボリスクもタタールが住む土地であった。東方へ侵攻したコサック隊の中心人物で伝説的な存在となっているエルマーク(?~1585年)は、トボリスク近くでの戦いで生涯を終えたと語られている。町が発展する中心となったクレムリンは、現在では、白い壁と黄金の屋根が象徴的な建造物であり、観光名所になっている（写真1、口絵28）。「クレムリン」というとモスクワの赤の広場にある大宮殿を思い浮かべるかもしれないが、ロシアでは一般的に、城壁に囲まれた要塞のような歴史的な建物のことを指す。その中には、庭や教会もある。トボリスクのクレムリンの内部は公開されている。18世紀初頭の大北方戦争

写真1　(上)トボリスクのクレムリン中庭，(中)トボリスクの町，(下)クレムリン配置図

の際に捕虜となったスウェーデン人たちがここまで連れてこられ、クレムリンの建設関連の作業に従事させられた記録が残されている。また、そのスウェーデン人の中には、トボリスクの教育・文化に貢献した人物もあったとのことである。第5章で紹介した最後のロシア皇帝ニコライ二世の一家も、エカテリンブルクへ向かう前にしばらくの間、ここに滞在した。また、高校の化学の授業で誰もが苦労して暗記した「元素の周期律表」を考案したサンクトペテルブルク大学教授ドミトリ・メンデレエフ(1834〜1907年)は、トボリスク出身である(写真2)。

このクレムリンは河岸段丘の上に位置している。その眼下の眺望は素晴らしい。平原を流れるイルティッシュ川、それに沿って古い街の家並みが広がる(写真3、口絵29)。

写真2　サンクトペテルブルク大学の壁にかかるメンデレエフ教授のレリーフ

イルティッシュ川の更新世化石

イルティッシュ川の流れは、一見、緩やかである。トボリスクあたりでは、川幅や水深は船の航行には十分のようであり、今も水運に使われている。第5章で登場したエカテリンブルクの動植物生態学研究所のコーシンチ

写真3　イルティッシュ川とトボリスクの夕暮れ

エフ博士らとともに化石調査のためにこの地を訪れ、実際にその河原を歩いてみることにした。ここの河畔の風景は、日本で見られるような清流や石や砂利で満たされた河原といった光景ではない。イルティッシュ川の両岸は草原や森林であるが、川の流れがその土地を削って流れている。場所にもよるが、岸壁の上から川面までは数メートルから20メートル以上もある。流れる水はどんより濁っており、その水を手にとってみると濁りがわかるほどである。水中に潜って目を開いても、先には何も見えないであろう。河原には、泥というか、微細な砂の粒子が大量に堆積している。雨が降って増水した際に、少しずつ両岸壁が削り取られているのだ。堆積して乾燥した泥の上はそのまま歩くことができるが、湿った場所は泥が沼状になっており、長靴を履いていても気をつけないと足が沈んで抜けなくなってしまう（写真4）。この特徴は、これまでに見てきたサマーラやキーロフでのヴォルガ川やその支流の川とは異なる。

コーシンチェフ博士らは、イルティッシュ川沿いを調査し、多くのマンモス動物群の化石を発見してきた。「マンモス動物群」とは、約7万年から1万年前の最終氷期にシベリアのステップに生息していた動物群のことである。当時は、現在よりも雨が少ない寒冷気候であったため、イネ科の草本類が育ちやすいステップの環境であったと考えられている。マンモス動物群

写真4　(上)化石を求めてイルティッシュ川河畔を歩く，(中)砂泥が堆積するイルティッシュ川河畔，(下)徐々に削られていくイルティッシュ川の川岸

に含まれる動物として、ケナガマンモス（*Mammuthus primigenius*、以下マンモスと表記する）がよく知られているので、動物群の名称としてその名を冠しているのであろう。その他には、ケブカサイ（*Coelodonta antiquitatis*）、ステップバイソン（*Bison priscus*）、ウマ（*Equus caballus*）、トナカイ（*Rangifer tarandus*）、ジャコウウシ（*Ovibos moschatus*）など大型の草食獣や、それらを食していたと考えられるホラアナライオン（*Panthera leo spelaea*）（第2章写真7参照）なども含まれる。マンモス、ケブカサイ、ステップバイソンなど多くの種は絶滅種である。マンモス動物群は、現在のアフリカのサバンナの動物相に類似している。

イルティッシュ川の堆積泥の上で足を取られないようにして歩きながら、動物骨を探す。注意深く川岸の表面を見ていると、石と間違えそうな大きな骨が泥に突き刺さった状態でむき出しになっている。浅い水底に骨が横たわっていることもある。私たちが滞在した数日間でも、更新世のケブカサイ、マンモス、ステップバイソン、ウマなどの四肢骨、肩甲骨、肋骨などが採集された（口絵31）。これらの化石骨は、増水して両岸壁から土砂とともに削り取られたり、風化した地層から露出した骨が河原に自然落下したりして流されていくと考えられる。おそらく、川底や河原の堆積泥の中には、姿が現れていない無数の骨が埋まっていることであろう。さらに、両岸に広がる草原の地下には、まだまだマンモス動物群の骨が大量に埋蔵されていると推定される。一方、マンモス動物群に加えて、ネズミ類やイタチ類のような小型動物の化石骨も埋蔵されているはずだが、イルティッシュ川のような環境では、すぐに水底の泥の中に埋まってしまい発見されることが難しいのだろう。骨のサイズが大きい大型動物種の方が発見されやすい傾向はあるが、化石の存在は、そこにその動物が分布したことの直接的な証拠となるため、動物地理学的歴史を考える上で重要な情報となる。また川岸ではめずらしい動物を見かけることもある（写真5）。

写真5　川岸に打ち上げられていたチョウザメの幼魚

シベリアのマンモス

シベリアの化石といえば、マンモスが最もよく知られている。コーシンチェフ博士によると、トボリスク周辺のイルティッシュ川の河畔でもマンモスの化石骨は発見されている（写真6）。この辺りは亜寒帯気候なので、長年の間に動物遺存体は土壌中で腐敗して骨だけになってしまう。しかし、マンモスといえば、長い褐色の体

写真6　イルティィッシュ川で発見されたマンモスの象牙．エカテリンブルクの動植物生態学研究所博物館にて

毛に覆われた巨大なゾウの姿が描かれている。それは骨格のみから想像されているのではなく、永久凍土の中から冷凍状態でマンモス遺体が何個体も発掘されているため、かなりの精度で生前の姿を推定することができるからである。永久凍土は、文字通り、一年中、土壌中の水分が凍っている地層であるが、高緯度の寒冷地のバイオームであるツンドラの地下に広がっている。そのため、マンモスをはじめ、マンモス動物群の軟組織（筋肉、内臓、皮膚を含む）が自然の冷凍庫となった永久凍土の中で保存され、生前の姿を留めたままの状態で発見されることがある。その発見は現在でも毎年のように報じられている。

　永久凍土から発見された最も有名なマンモスの一つは、サンクトペテルブルクの動物学博物館に展示されている「ベレゾフカのマンモス」である（口絵30）。１９０１年、ロシア帝国時代に、北極海に近い北東ユーラシアのベレゾフカ川近くの永久凍土からオスのマンモスの全身が発掘され、サンクトペテルブルクまで運ばれた。その調査行に参加したドイツの科学者E・

W・フィッツェンマイヤーが著した著書『シベリアのマンモス』には、調査隊がサンクトペテルブルクを出発してから数カ月かけて踏破したベレゾフカまでの厳しい道のりの過程と発掘作業の様子が生き生きと描かれている。さらに、同著には、1908年に、再び北東ユーラシアのヤナ川河口の東北、サンガ・イウラッフ河岸のツンドラで発見された別のマンモスの発掘調査行の記録も記されている。永久凍土からは、それ以外にも数多くのマンモスが発見されている。さらに、成獣のみでなく、幼獣も見つかっている(写真7)。

『シベリアのマンモス』に記されているように、むき出しとなった永久凍土から、凍った状態のマンモスの全身が現れることがある。このような状態で見つ

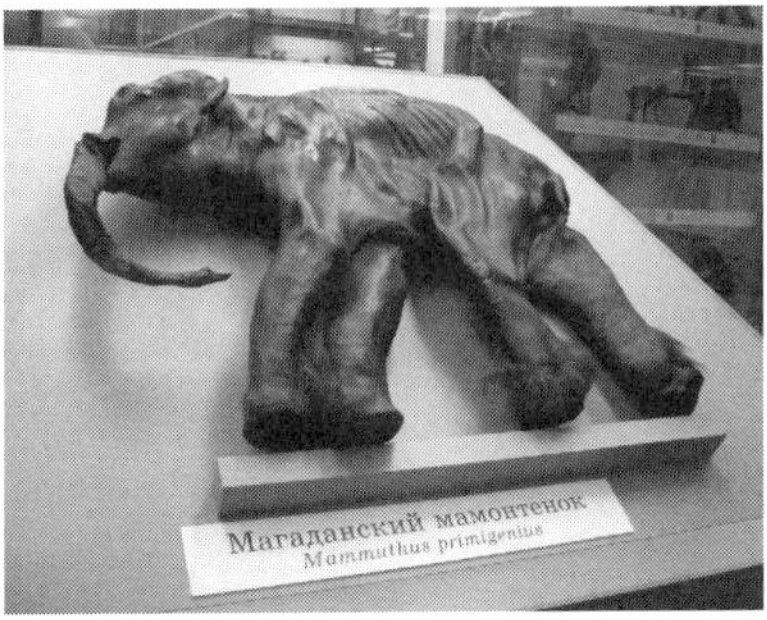

写真7 (上)子どものマンモス「ディーマ」
(下)子どものマンモス「マーシャ」. ともに，サンクトペテルブルクの動物学博物館にて

かるので、「マンモスは地下で生きている動物で、ある時、地層から飛び出してくる」という迷信があったようである。ベレゾフカのマンモスについては、発見時には、組織の保存状況も良好で、その肉をイヌが食べたと記されている。また、マンモスの口の中には、喉に通る前の草、そして、胃の中にも食べた植物十数キログラムがそのまま残されていた。それらの植物種を同定することにより、マンモスの生前の食性が、現在その周辺に生育しているものと同種の草本であることが多かったと報告された。

さらに、前脚が骨折していることが見出された。これは、マンモスが狭い氷または土の割れ目に何らかの原因で転落し、骨折・死亡した後、短時間でその体が凍結したことを示している。寒冷気候であっても、地表面で死亡した際には急激に冷凍されることはなく、永久凍土の中に生前の姿で埋蔵されることはなかったものと思われる。ベレゾフカのマンモスのように永久凍土中に凍結されるには、いろいろな偶然が重なったのであろう。

古代DNA研究

科学技術の進展により、絶滅したマンモスの研究も進展している。たとえば、コンピュータ断層撮影(CT)を導入することにより、出土したマンモスの頭部について、解剖することなく、詳細な内部形態計測がなされている。

マンモスが含まれるゾウの仲間は分類学的には長尾目と呼ばれ、それを構成する現生種は、アフリカゾウ（*Loxodonta africana*）とアジアゾウ（*Elephas maximus*）の2種のみである。研究者によっては、アフリカゾウのマルミミゾウを別種の *Loxodonta cyclotis* に分類することもあり、その場合は現生種は3種となる。これらと、ケナガマンモスとの間で、臼歯の咬頭面の模様、鼻先の形態などの比較検討がなされたが、マンモスは現生ゾウ2種の中間型で、種間の近縁関係についての統一的な見解は定まらなかった。約500万年ほど前に、*Mammuthus*、*Loxodonta*、*Elephas* の3者は短期間のうちに種分化したのであろうということが前提で、古典的な系統樹が描かれていた。

一方、DNA分析技術の発展にはめざましいものがある。第1章で紹介したように、PCR法は、微量なDNAを分析可能な量にまで増幅させることができるため、医学分野に限らず、基礎生物学の分子系統学的研究にも導入されている。さらに、永久凍土から発掘された保存状態の良好なマンモスでは、組織細胞や骨中の骨細胞の中にDNAが断片化しながらも残存していることがある。このような永久凍土からの生物遺存体や洞窟から出土した化石骨などを対象とした「古代DNA」分析が行われるようになった。最初に古代DNA分析が行われた研究は、

写真８　モスクワの古生物学研究所から北海道大学へ寄贈されたマンモス組織．北海道大学総合博物館所蔵

アフリカで絶滅したウマの仲間クアッガのミトコンドリアＤＮＡ分析である。その後、様々な研究が進んでいる。人類学においては、現代人（*Homo sapiens*、ホモサピエンス）のミトコンドリアＤＮＡ分子系統解析により、「アフリカ単一起源説」が提唱されたが、さらに、ネアンデルタール人化石の古代ＤＮＡ分析により、現代人とネアンデルタール人とが別系統であることが示され、アフリカ単一起源説が補強された。このような研究によって、古代ＤＮＡ分析は一般にも知られるようになった。

さて、北海道大学総合博物館には、モスクワにあるロシア科学アカデミー古生物学研究所から寄贈された、タイミール半島（シベリア北部に位置する北極海に突き出た半島）の永久凍土出土の約２万５０００年前のマンモス組織が保管されている。それは、黒みを帯びた茶色の状態で、シリカゲルの入ったデシケータの中に保管されている（写真８）。そこで、北海道大学の私たちの研究室と、旧地質学鉱物学科の古生物学研究室、そして、ロシアの古生物学研究所との共同研究として、そのマンモス組織の古代ＤＮＡ分析を行い、その分子系統学的成果が１９９８年に論文として発表された。

すでに第1章で紹介したように、母系遺伝するミトコンドリアDNAについては、細胞質の各ミトコンドリア内に複数コピーが含まれているため、細胞あたりにすると数千コピーは含まれている。それに対し、二倍体である体細胞の染色体DNA上の遺伝子（核遺伝子ともいう）については、細胞あたりのコピー数は2である。よって、DNAの断片化が進んでいる古い生物遺存体を対象とする古代DNA分析では、相対的なコピー数が多いミトコンドリアDNAの方が検出しやすい。やはり、私たちが調べた2万5000年前のマンモス組織ではDNAの断片化が進んでいた。しかし短いミトコンドリアDNAのPCR産物の遺伝情報をつなぎ合わせるという根気強い作業を重ねることにより、当時としては、世界で初めて、ミトコンドリアDNA内のチトクロムb遺伝子と12SリボソームRNA遺伝子の全塩基配列を決定することができた。マンモスと現生ゾウ2種の同じ遺伝子とを比較したところ、3者は分子系統的に互いに近いが、どちらかというとマンモスとアフリカゾウが近縁であるとの結果が得られ、論文で報告した。2006年には、米国・ロシア・フランスの研究グループがミトコンドリアDNA全塩基配列（約1万6800塩基）を解読し、アフリカゾウと分岐した直後に、マンモスとアジアゾウの系統が分かれたとする報告がなされた。その報告の中では、彼らが調べた個体と私たちが報告した個体の12SリボソームRNA遺伝子の遺伝情報は全く同じであり、さらに、他のグループが報告したものも含めてチトクロムb遺伝子の遺伝情報が高度に類似していることも示された。このことから、これらのマンモスの遺伝的多様性は、現生ゾウ2種の種内多様性に比べて低いと考えられた。以上の結果は、更新世後期の北東シベリアにおいて、遺伝的に比較的均一なマンモス集団が分布を拡大したことを示唆している。

さらに、近年、次世代シーケンサによる生物の全ゲノム解析が進展している。この技術では元の鋳型になるDNAが短い塩基配列でも解読ができるので、現生種のみでなく絶滅種の古代DNAも研究対象とされるようになった。マンモス動物群についても研究が進んでおり、その系統遺伝学的特徴がより詳細に明らかになっていくであろう。

日本では、マンモスはしばしば話題となり、シベリア永久凍土から発掘された標本が特別展示されることがある。ロシアのサハ共和国で発見されたケナガマンモスである「ユカギルマンモス」もその一つである。標本は主に組織が付着した頭部であった。最初は、2005年に愛知県で開催された愛・地球博で展示された。その後、本州の数カ所で展示が行われた。その中で、2007年8月の日本科学未来館での特別企画展、2008年8月の大阪WTCコスモタワーでの展示に際して、私は遺伝子から見たマンモスの進化に関する一般向けの講演を行った。

もうこれでユカギルマンモスには会えないと思っていた。しかし、２００８年12月に台湾の動物研究のために、台中の国立自然史博物館を訪問した際に、偶然にもユカギルマンモス特別展に遭遇し、私にとって3回目の出会いとなった。

絶滅と進化

マンモスがたどった運命は、更新世末期または完新世初期における種の「絶滅」である。絶滅とは、生命の起源以来、脈々とつないできた命の系統が途切れることである。マンモスが絶滅した原因は何だろうか？　これまで、様々な説が提唱されている。一つは、地球環境の変化である。更新世末期は最終氷期の終焉であり、その後、完新世の間氷期となり、高緯度地域が温暖化したと考えられている。そのため、植生も変化し、マンモスが属していた草本の種類が変化し、食べられる植物がなくなったという考え方である。二つめは、感染症が蔓延したという説である。三つ目は、ヒトによる狩猟圧である。ユーラシア大陸の旧石器時代の遺跡では、マンモスの骨格を用いて作られた住居跡が発掘されている。さらに、ヨーロッパの旧石器時代の洞窟壁画にはマンモスの姿が描かれている。発掘されたマンモス骨から狩猟の道具となった石器も見つかっているので、古代の人々はマンモスを狩猟するマンモスハンターであったという考え方もある。しかし、現在までのところ、マンモスの絶滅を説明する決定的な要因は解明されていない。単一の原因ではなく、複数が関係して相乗的に絶滅をもたらしたのかもしれない。現生のゾウを考えた場合、成熟するのに長い年月がかかり、かつ、産子数も通常1個体なので、一度集団内の個体数が減少すると回復するのに時間と安定した環境が必要となることは確かだ。このようなゾウの生物学的特徴も影響した可能性がある。

同時期に絶滅したのはマンモスだけではない。その他にも、マンモス動物群であったケブカサイ、ステップバイソン、そして、ホラアナグマ、新大陸のオオナマケモノ、サーベルタイガーなどの大型哺乳類も絶滅した。その原因は、マンモスと同様のものかもしれないが、現在も研究が進められている。

化石記録の古生物学的な研究により、多細胞生物が進化して以降、大量絶滅が5回生じたと考えられている（図1）。これらは、マンモス動物群が出現するよりもずっと以前の絶滅である。

- オルドビス紀末（約4億4400万年前）　三葉虫や腕足類などが絶滅したと考えられている。
- デボン紀末（約3億7400万年前）　板皮類、甲冑魚などの海洋生物が絶滅した。
- ペルム紀末（約2億5100万年前）　最大の大量絶滅が起こった。恐竜が繁栄し始める。

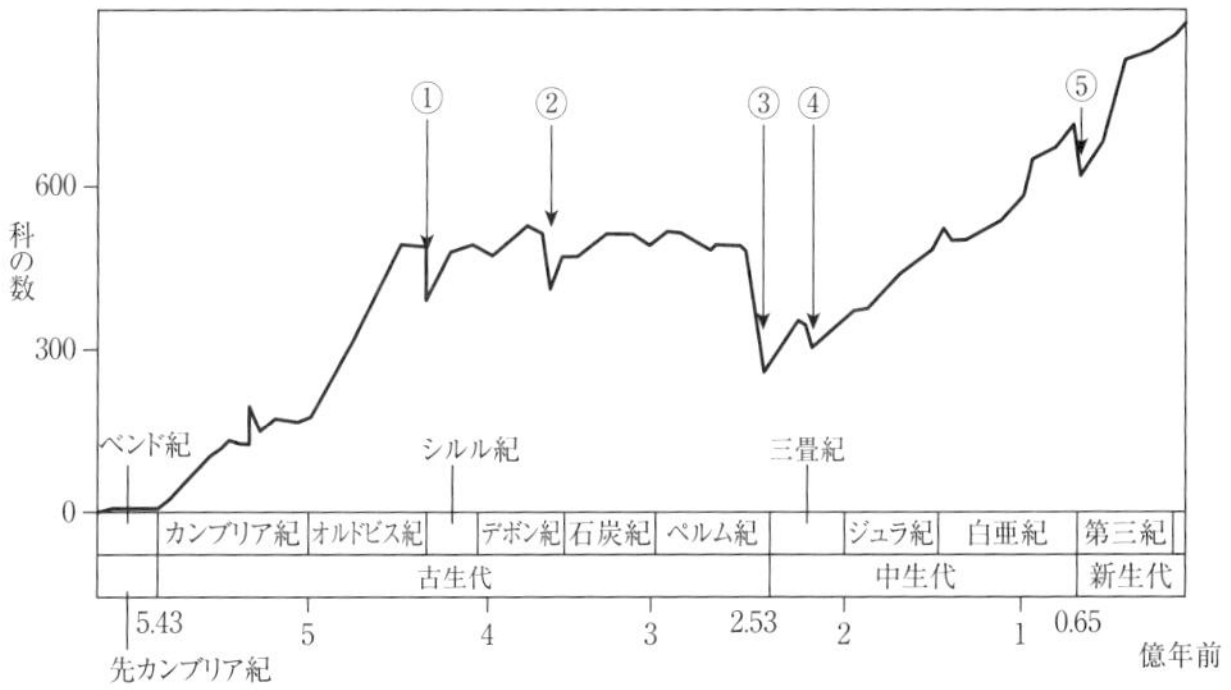

図1　大量絶滅は過去5回起こった．沢田ほか(2008)より

・三畳紀末(約2億年前)　アンモナイトの多くの種が絶滅した。恐竜が急速に発達した。
・白亜紀末(約6500万年前)　主に恐竜が絶滅した。

最後の大量絶滅(白亜紀末)の有力な原因として、巨大隕石が現在の中米のユカタン半島付近に衝突した衝撃により、地球全体の環境が大きく変化したことが考えられている。その結果、それまで地球上で適応し繁栄していた恐竜群が絶滅したというものである。そして、世界各地でその証拠が得られつつある。一方、その時代までに哺乳類は出現していたが、まだ小型のままであり、現在見られるような多様化は進んでいなかった。しかし、恐竜が支配していた生態的地位がその絶滅により空白になったため、哺乳類は様々な環境に進出できるようになって種分化し、大型化し、現在の繁栄がもたらされたと考えられている。このように、ある種やある生物群の絶滅により、他の種が多様化し反映する機会がもたらされることもある。よって、生物全体の進化を考えた場合、自然現象として起こる絶滅は一方的に生物多様性を低下させるのではなく、むしろ高めることもある。絶滅は、進化の一部として捉えられるべきであろう。

しかしながら、現代の人間活動によって引き起こされている絶滅は、生物進化に貢献するものではなく、進化を阻むものである。日本においても、ニホンオオカミ、ニホンカワウソなどは、人間活動により、生息場所がなくなったり、分断化されたり、駆除されたりすることによって絶滅してしまった。また、絶滅しないまでも、個体数が減少した生物を絶滅危惧種・希少種と呼んでいるが、それについては種の保全の課題も含めて、第8章で考えることにする。

マンモスから生態系の考察へ

マンモスを含めて動物の遺伝子や進化について語る際に時々尋ねられることは、「マンモスのDNA分析が進めば、マンモスを復活させることができるのですか?」という質問である。

DNA分析から得られることとは、あくまでもDNA(デオキシリボ核酸)を構成する塩基配列の並び方である。生きた細胞(生体と考えてもよい)の中では、この並び方が遺伝情報となり、

RNA(リボ核酸)に伝えられ(転写という)、アミノ酸の順番を決めてタンパク質が合成される(翻訳という)。これは、細胞の中で行われている分子レベルの普遍的な反応過程なので、セントラルドグマ(中心説)と呼ばれている。この流れによりつくられたタンパク質は、酵素の構成成分でもある。酵素とは、生体内の化学反応(代謝)の速度を促進したり抑制したりする機能をもつ生体触媒である。さらに、タンパク質は、細胞を構築する繊維や筋繊維の成分であり、免疫応答にはたらく抗体や受容体としても機能している。よって、タンパク質をつくるための設計図として、DNAの遺伝情報が正確にわかったとしても、細胞内で起きている複雑な化学反応や構造・機能のすべてを再現することは不可能である。

第1章でも述べたように、分子系統学でDNAを対象とする理由は、DNAが親から子へ、そして、祖先から子孫へ伝えられる唯一の物質であるからである。世代交代していく過程で、種や集団の系統ごとに独立してDNAには塩基の突然変異が蓄積されていく。よって、DNAの遺伝情報を比較することにより、系統進化をたどることができる、という基本的な考え方が根底にある。

さらに、深く考えなければならないことは、絶滅種を復活させようとすることの意義である。前述したように、自然現象として起こった絶滅を進化の一過程と捉えるならば、絶滅種を復元する意味があるのだろうか？

様々な意見があり答えは一つではないと思うが、少なくとも、進化と絶滅を考えることは、生命とは何か、生態系や自然はどのようにあるべきかを議論することのきっかけになるであろう。それは、第8章で述べるような、絶滅の危機に瀕している絶滅危惧種や希少種をいかに保全していくか、という問題を深く考えることにも結びつくものと思われる。

第7章　バイカル湖とザバイカルの動物

イルクーツク

ウラル山脈からトボリスクを経て、さらに東方へ広がるシベリアの大地。第5章で述べたように、シベリアから北極海へ流れるエニセイ川を境に、西方には暗いタイガ、東方には明るいタイガが広がる。そのエニセイ川の支流であるアンガラ川は、ロシア最大の湖であるバイカル湖から流れ出る唯一の河川である。そして、その河畔には、「シベリアのパリ」と称される町イルクーツクが位置している。榎本武揚の『シベリア日記』には、1878年当時のイルクーツクの人口は約3万5000人と記されている。140年後の現在、その人口は約62万4000人となった。

イルクーツクと聞いて、何が思い浮かぶだろうか？　一般的には余り馴染みがない町かもしれない。しかし、私にとって、イルクーツクは身近で、かつ幻の町であり、いつか訪れてみた

写真1　(上)イルクーツクの町並み
(下)アンガラ川とイルクーツク

い地であった。その理由は、亡き祖父が、若い頃にシベリア出兵に召集され、イルクーツクを訪れた時のことを、幼い私に毎日のように語ってくれたからである。その話の中では、いつも、美しいイルクーツクの町、広大なバイカル湖、何日も乗ったシベリア鉄道、魚釣りをしたウラジオストクの港などが語られた。その時は何気なく聞いていたが、今となって、もっといろいろなことを聞いておくべきだったと思っている。おそらく、若かった祖父にとって、初めて訪れた異国の地ロシアにおいて、ヨーロッパの雰囲気漂うイルクーツクは、いつまでも印象に残る町だったのであろう(写真1)。

歴史をひも解くと、榎本武揚がシベリアを横断した時よりも以前の江戸時代にイルクーツクを訪れた日本人が何人もいたことが記録されている。その中でも著名な人物は、大黒屋光太夫である。

大黒屋光太夫(1751~1828年)は、伊勢国白子《しろこ》(現在の三重県鈴鹿市)の運送船の船頭であった。1782年、光太夫の運送船が江戸に向かう途中、嵐によって漂流し、アリューシャン列島のアムチトカ島に漂着した。その後、ロシアの毛皮商人とともに苦労してカムチャツカ半島にわたり、様々な経緯を経て、首都サンクトペテルブルクにおいてエカテリーナ二世から帰国を許され、1792年に北海道を経て江戸に到着した。光太夫一行は、日本への帰国の許しを乞うためカムチャツカから首都に向かう途中、イルクーツクにおいてキリル・ラクスマン(1737~1796年)と運命的な出会いを果たす。ラクスマンは、ロシア帝国サンクトペテルブルク科学アカデミー会員で、当時、イルクーツクを拠点にしてシベリアの地理・生物・化学などの自然史研究に取り組んでいた。彼は光太夫と出会うまでに日本にも興味をもっていたようである。実直で温厚な性格であったラクスマンは、光太夫一行の帰国実現のために、リンクトペテルブルクまで同行して各方面に働きかけ、エカテリーナ二世への謁見を実現させた。さらに、彼は光太夫らとともにシベリアを経て、オホーツクに到着し、自身の息子アダム・ラクスマンを船長とするエカテリーナ号に光太夫らを乗せて帰国させてくれた恩人である。

蘭学者・桂川甫周は、大黒屋光太夫から聞き取ったロシアの地理・生活習慣などを『北槎聞略』としてまとめた。また、光太夫らの漂流からシベリア往復を経て日本へ帰国した苦難の道のりは、作家・井上靖の『おろしや国酔夢譚』、吉村昭の『大黒屋光太夫』などの小説で語られている。さらに、前者は、俳優・緒形拳が光太夫役で主演した映画にもなった。

江戸時代には、光太夫ら以外にも、イルクーツクやサンクトペテルブルクに送られた後、日本語教師として生活し、帰国できなかった日本人漂流民がいたことが記録に残されている。

イルクーツクは、1822年に東シベリア総督府となり、さらに発展することになる。それまで、シベリア総督府であったトボリスク(第6章参照)は、西シベリア総督府となった。1878年にイルクーツクを榎本武揚は馬車で訪れた。その後、1898年に西方からイルクーツクまでの鉄道は完成している。第6章で紹介したベレゾフカのマンモスの発掘に向かったフィッツェンマイヤーは、1901年にサンクトペテルブルクからイルクーツクまでの道のりを列車で移動している。

イルクーツクには郷土博物館があり、バイカル湖周辺域の自然史や歴史の展示を行っている。この博物館を榎本も訪れており、バイカル湖に生息するアザラシの標本を見学したと『シベリア日記』にある。

シベリアでは、白樺の樹皮に細工を施した民芸品がお土産となっている。イルクーツクの滞在中に、ヒグマを描いた白樺樹皮の壁掛けを露店で購入した(写真２)。このヒグマはロシアの弦楽器バラライカを奏でているが、その横にはバイカル湖固有の魚オームリも描かれている。その外見上の特徴としての脂ビレ(背ビレと尾ビレの間にある)が描かれていることから、この魚がサケ科であることがわかる。北海道のヒグマを描いたのであれば、この魚はサケということになろう。

写真２　民芸品として白樺の樹皮でできた壁掛け．バラライカを奏でるヒグマとオームリが描かれている

バイカル湖

イルクーツクの傍を流れるアンガラ川はバイカル湖に源を発している(図１)。この湖は、三日月型の形状をもち、南北の長さは約６８０キロメートル、幅は約25〜80キロメートルである。シベリアでは最大の湖で、その面積は約３万１５００平方キロメートルである。日本最大の湖である琵琶湖(約６７０平方キロメートル)の約47倍もある。さらに、バイカル湖は世界で最も深い淡水湖で、最深部が１７００

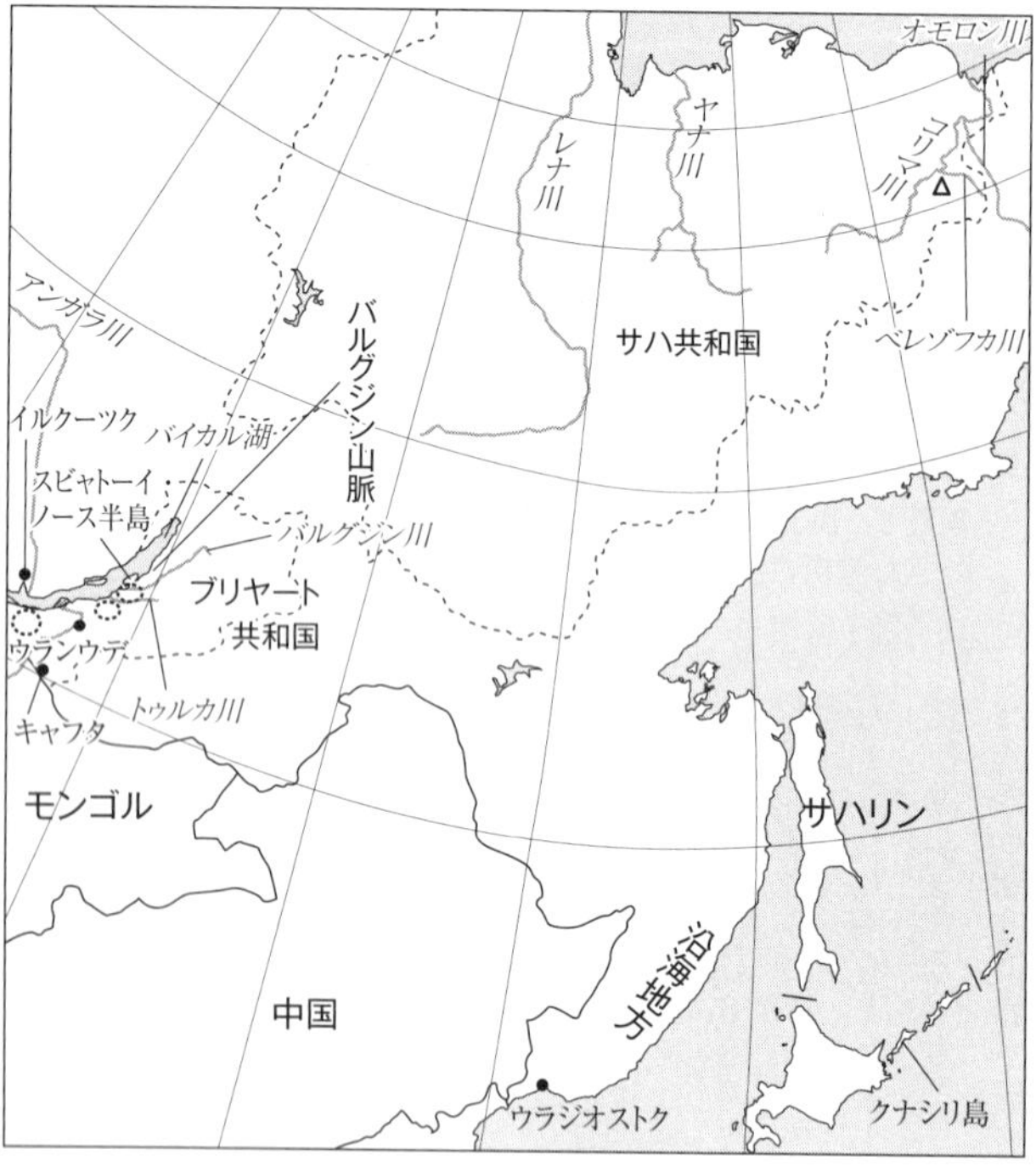

図１　バイカル湖とシベリア．ブリヤート共和国の３つの破線部は調査地．右上の三角は第６章で紹介したベレゾフカのマンモスが発見された地点

メートル以上ある。この湖は淡水湖であるにもかかわらず、後述するアザラシやカイメンなど海洋由来の生物も生息している。湖の形成過程には十分解明されていないこともあるが、世界で最も古い古代湖であると考えられている。自然豊かなバイカル湖は、世界自然遺産にも指定されている。一方、湖から立ち上る霧の量も多く、そ

れにより見通しが悪い時には、イルクーツク空港が閉鎖されることもある。

地理的には、西方から見てバイカル湖の向こう側の地域はロシア語で「ザバイカル」、英語では「トランスバイカリア」と呼ばれている。それに対し、バイカル湖のこちら側は「シスバイカリア」と呼ばれる。ヨーロッパから見ると、ウラル山脈さらにはバイカル湖を越えたザバイカルは、遥かなるシベリアというイメージを与えている。ザバイカルとシスバイカルの間で明瞭な境界線があるわけではない。しかし、これまでの研究により、ザバイカルには、中央シベリアとは異なる特有の動物地理学的特徴があることが知られている。

シベリア鉄道

シベリア鉄道は、文字通りシベリアを走る鉄道である。第5章で述べたように、シベリアはウラル山脈より東側を指すので、シベリア鉄道は、エカテリンブルクから極東のウラジオストクまでの道のりである。エカテリンブルクからさらに西方のモスクワまでを含めてシベリア鉄道ということもあり、1週間程をかけてロシアを横断することが可能だ。「シベリア鉄道に乗ってヨーロッパまで旅行する」というと、ロマンあふれる旅を思い浮かべるだろう。私は全行程に乗車したことはないが、調査地へ向かうためザバイカルでシベリア鉄道に乗車した。

その起点はイルクーツクであった。日本から極東のウラジオストク経由のフライトでイルクーツクに到着した後、シベリア鉄道への乗車のためにイルクーツクに宿泊することになった。日本の旅行代理店から現地の代理店に連絡され、ロシア人スタッフにより、ホテルや鉄道へ案内してもらった。私たちを出迎えてくれたスタッフは日本語を流暢に話すので、日本への留学経験について尋ねると、まだ一度も日本を訪れたことがないという。彼女はアルバイトでその仕事をしているとのことで、イルクーツク言語大学で日本語を学んでいる学生であった。もしかすると、その日本語教育の流れは、前述した江戸時代の日本人漂流民による日本語教育に遡るものかもしれない。

さて、シベリア鉄道にも、一等車から三等車までの車両がある。もちろん、各車両には、第4章で紹介したサモワールが必ずついている。私たちは長旅の移動で疲れることがないように、あらかじめ日本の旅行会社に寝台付きの一等車の乗車券を予約しておいた。そして、いざ列車に乗り込むときになってわかったのであるが、旅行代理店間の連絡の手違いで、私たちの往路は二等車、復路は三等車になっていた。しかし、発車時間は迫っている。仕方がないので、まずはその車両に乗ることになった。二等車にも二段式の寝台ベッドがあり、夜はゆったり休むことができ、翌日には目的地のウランウデに到着することができた。

しかし、復路の三等車では、座席がコンパートメントになってはいるもののドアもなく（廊下との仕切りがない）、寝台もなく、冷房も効いていない、畳を敷いたような硬い座席で眠ることになる。不安がよぎったが、これでイルクーツクに戻るしかない。列車が駅に止まるたびに、三等車両では頻繁に乗客の乗り降りがある。私たちはどうしてよいものか黙って見ていると、

写真3　(上)シベリア鉄道の車内
(中)シベリア鉄道の車窓から見たザバイカルの集落
(下)シベリア鉄道の車窓からの風景
すべてブリヤート共和国にて

写真4　ウランウデの町

コンパートメントに入ってきた人たちや、近くの廊下の座席に座った人たちは、言葉が十分伝わらなくても親しく話しかけてくれた。私たちが日本からやって来たことを伝えると、合気道の経験がある若者は片言の日本語でいろいろと話してくれた。また、子連れのお母さんからは、オームリの燻製や果物をいただいた。

また、復路の列車は、チタ発モスクワ行きで、イルクーツクで下車しないとモスクワ方面まで行ってしまう。しかし、その車両の車掌も大変親切な方で、イルクーツク到着の1時間前にその旨を伝えてくれた。このような温かいロシアの人たちとのふれあいは、三等車に乗ったからこそできた経験であったと思う(写真3)。

ザバイカルの自然と動物

ザバイカルは、ロシア連邦におけるブリヤート共和国とほぼ重なる地域である。ブリヤート共和国の首都であるウランウデの人口は、約43万5000人である(写真4)。モンゴル系のブリヤートの人たちにはチベット仏教の信者が多い。ウランウデ郊外にあるイヴォルギンスキー・ダッツァン寺院は、ロシアにおいて仏教信仰の中心地となっている(写真5)。

写真5 イヴォルギンスキー・ダッツァン寺院．ウランウデにて

写真6 ザバイカル南部のステップ．谷間には樹木が自生する

ウランウデには、ロシア科学アカデミーシベリア支部実験生物学研究所がある。そこでは、ザバイカルに分布する動植物に関する研究が進められている。第3章以来登場しているアブラモフ博士は、この研究所のスタッフとともにブリヤート共和国内の哺乳類相を研究してきた。私たちはその野外調査に参加させていただき、ウランウデを拠点にザバイカルの自然に触れることができた。

バイカル湖周辺域は比較的高地であり、その標高は1000〜3000メートル程である。特に、ザバイカルの南部から南東部の景観は、モンゴル東部や中国東北部に類似し、乾燥した草原であるステップが広がっている（写真6）。一方、北部や西部にはタイガの森が広がる。アブラモフ博士らの調査によると、このようなバイオーム（第1章参照）の多様性は哺乳類相の高い多様性を生み出し、ブリヤート共和国には86種の哺乳類が分布しているという。さらに、東シベリアの動物相と中央アジアの動物相が共存している点もザバイカルの特徴である。

タイガの森に生息する代表的な哺乳類の一つとして、第2章で紹介したクロテン（口絵9）があげられる。クロテンの毛皮は古くから衣料に用いられている。ロシア人が西方から極東まで進出した理由の一つに、クロテン毛皮の入手があげられる。ザバイカルでは湖の東側の湖岸が南北に広がるが、その北部にタイガの森を抱えるバルグジン山脈がある（図1）。ここに生息するクロテンの毛皮は特に良質であることから、バルグジンクロテンまたはバルグジンセーブル（クロテンの英名は sable）と呼ばれる。過去には過度の狩猟により個体数が減少したが、現在はその保全が進められ、個体数が回復しているという。バルグジン山脈には、１９１６年にクロテンの保護のために設立されたバルグジン自然保護区がある（写真７）。

写真７　バルグジン山脈とバルグジン川

写真８　シベリアイタチの剝製標本．エカテリンブルクの自然史博物館にて

タイガの典型的な別の哺乳類はヒグマだ（口絵25）。ヒグマが好んで生息する針葉樹は、ベニマツ（*Pinus sibirica*）である。第５章で紹介したように、ヒグマはシベリアに広く分布するが、ブリヤート共和国でのその個体数は約２０００頭と推定されている。

また、和名にシベリアが

つけられているシベリアイタチは、ザバイカルの様々なタイプの森林に生息している(写真8)。シベリアイタチは、第3章で述べたように、ニホンイタチと系統的に近縁な動物である。

シベリアのタイガでは、森林火災が大きな問題となっている。自然発火または人為的な原因が考えられるが、いずれにしても、一度森林火災が生じると広範囲にわたるため、森林生態系に与えるダメージが大きい。火災後には、森林の二次遷移が起きるが、十分に回復して極相(植物群落が徐々に変化することを遷移と呼び、その結果、生息環境に合った長期間安定な状態が継続すること)に至るには50年から70年はかかると考えられている(写真9)。広大なシベリアにおける森林火災の実態を把握するために、シベリア上空を飛ぶ旅客機パイロットに協力を依頼された。第6章で紹介したマンモスに関する講演会の一環として、そのパイロットを講師に迎えた講演も行われていた。

写真9　ザバイカルでのタイガの森林火災と煙にかすむ林道

一方、ザバイカルの草原のステップ地帯にも特有の動物相が見られる。代表的な小型の哺乳類として、ウサギ目ナキウサギの一種ダウリナキウサギ(*Ochotona daurica*)が地面に巣穴を掘って生活している(写真10)。なお、同じ属に分類されるキタナキウサギ(*Ochotona hyperborea*)は、ユーラシア北部のウラルから極東にかけて広く分布する種で、北海道のエゾナキウサギはキタナキウサギの亜種である。

写真10　ステップに好んで分布するダウリナキウサギ．A. Abramov 博士提供

写真11　ステップに好んで分布するオナガホッキョクジリス．A. Abramov 博士提供

げっ歯目では、オナガホッキョクジリス(*Spermophilus undulatus*)(写真11)が分布する。ハムスターの一種バラブキヌゲネズミ(*Cricetulus barabensis*)(写真12)も生息する。

さらに大型のげっ歯類として、シベリアマーモット(*Marmota sibirica*)が、ステ

写真12　ザバイカル南部のステップに生息するハムスターの一種バラブキヌゲネズミ

写真13　ザバイカルのステップに生息するシベリアマーモット．ウランウデの実験生物学研究所 Bair Badmaev 博士提供

ップを好んで生息している(写真13、口絵33)。体サイズが大型であるため、開けたステップではヒトによって捕獲されやすく、古来より食用にもされてきた。マーモットの門歯は大きく湾曲した独特の形態をもっているため、古代人の生活において装飾品として使用されていたようである。今から約7000年前のバイカル湖近くの遺跡から出土したマーモットの門歯が、ミトコンドリアDNA分析により、シベリアマーモットのものであると種判定された。さらに、二つの遺跡から出土したマーモット門歯からそれぞれ別の生息域に由来すると思われる遺伝的タイプが見出されたことから、これらの遺跡に関わる古代人が互いに異なる文化圏をもっていたことが示唆された。

東アジアを中心に分布する小型のげっ歯類オオハタネズミ(*Microtus fortis*)もザバイカルに分布する。その他の種を含め、ザバイカルでは小型げっ歯類の多様性は高く、それを食する食肉類や猛禽類も豊富であり、多様なステップ生態系が形成されている。

ハリネズミ科のダウリハリネズミ(*Mesechinus dauuricus*)もザバイカルからモンゴルにかけてのステップに特有の動物である(口絵32)。

ステップに分布する代表的な食肉類には、第4章で紹介したアジアアナグマ(*Meles leucurus*)があげられる。ザバイカルを含むシベリアには、アジアアナグマの亜種シベリアアナグマ(*M. l. sibiricus*)が分布し、別の亜種アムールアナグマ(*M. l. amurensis*)(これらの亜種の和名は暫定的なもの)が極東ロシアと朝鮮半島に分布する。ザバイカルのアナグマは、タイガの森には巣を作らない。

希少種となっているネコ科のマヌルネコ(*Otocolobus manul*)、食性が広く様々な環境に適応できるイヌ科のアカギツネ(第2章写真13)もステップに分布する。

バイカル湖の動物

前述したバイカル湖の生態系で頂点に立つのは、バイカルアザラシ(*Phoca sibirica*)である。

写真14　バイカル湖東岸の石浜

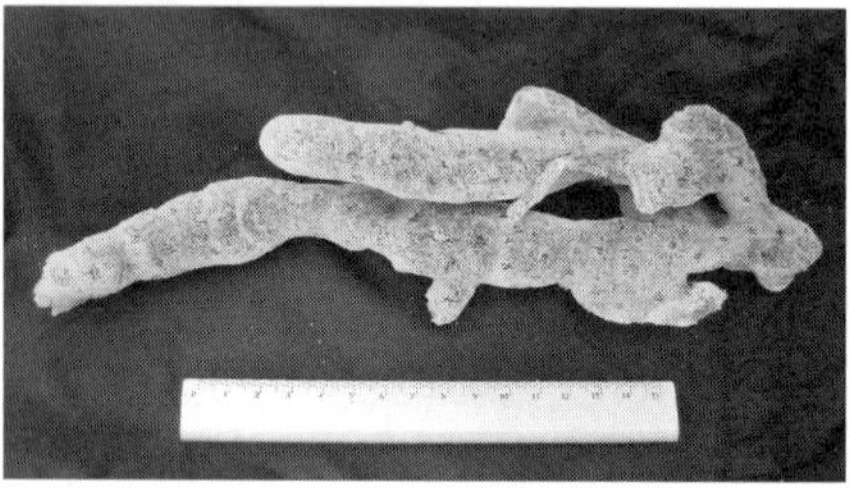

写真15　バイカル湖東岸で見つかったカイメンの組織

バイカルアザラシは、かつて、湖全域に分布していたが、狩猟により個体数が減少した。過去40年程の間に狩猟が禁止された結果、個体数は増加傾向にあり、現在、約4万頭になった。系統進化的には、バイカルアザラシは、カスピ海に生息するカスピカイアザラシ(*Phoca caspica*)よりも、北極海に生息するワモンアザラシ(フイリアザラシ)(*Phoca hispida*)に近縁であると考えられている。バイカルアザラシの祖先が、エニセイ川およびアンガラ川を経てバイカル湖に入った後に長期間に渡り地理的に隔離され、種分化したものと推測されている。

私たちは、バイカル湖畔にテントを張り、湖岸の生態系を調査した(写真14)。夏の間、バイカルアザラシは湖岸から離れた沖合で生活するので、観察するのが難しい。滞在中、生きた個体を目撃することはできなかった。しかし、湖岸にはバイカルアザラシの骨が打ち上げられていた(口絵36)。

　また、淡水産のカイメンの繊維状組織が湖岸に打ち上げられていた(写真15)。この状態を見ると、カイメンの英名がスポンジである理由がわかる。カイメンは最も原始的な動物で、組織

写真16　キャンプでオームリを料理する，バイカル湖東岸

写真17　売られているオームリの燻製，バルグジン川河口近くのウスチバルグジンにて

写真18　バイカル湖で釣れたローチ *Rutilus rutilus*. ロシア語でプロトゥヴァと呼ぶ

写真19　バイカル湖畔の砂浜に自生するハマナス

写真20　バイカル湖東岸の湿地帯でげっ歯類の分布調査を行う

の胚葉は分化しておらず、神経系もない。多くのカイメンは海水性であるが、バイカル湖には淡水性の固有種が生息している。

さて、穏やかな天候のもとでは、バイカルの湖面は波もなく、どこまでも続く絨毯のようである。湖岸は砂浜もあれば、石ころだらけの浜もある。朝もやのかかる砂浜を歩く。すると、漁を終えた漁師が、魚網からオームリ（*Coregonus migratorius*）を外しているところであった（口絵34、35）。オームリは、10月中旬の産卵期に、バイカル湖に流れ込む川を遡上し、産卵後に湖に戻ってくるサケ科魚類である。背ビレと尾ビレの間に脂ビレがある。祖先は海水性で、エニセイ川水系からバイカル湖に入り隔離されたか、古い時代に直接海から隔離されたと思われる。漁師から10匹程を購入し、テントのた

写真21　(上)ザバイカル南東部のステップでの調査キャンプ
(下)ステップでの小型哺乳類の調査

き火で塩焼きにする(写真16)。その味は、淡水魚特有の臭みはなく、淡白で脂がのって大変うまい。北海道のニシンの塩焼きのようである。オームリの燻製もよく食卓に上がる(写真17)。オームリはバイカル湖の重要な水産資源だ。また、オームリの燻製の小片を餌にしたところ、砂浜の波打ち際で小さな魚ローチ(写真18)が釣れた。

　風通しのよい湖岸では、夏でも蚊が少ない。バラ科のハマナスが湖岸の砂地に生えていた(写真19)。これもバイカル湖が海と関係が深い証拠であろうか？　ハマナスは、日本では海岸周辺に自生する。

ザバイカルにおけるバイカル湖東側の湖岸には、湿地帯も見られる。前述のバルグジン山脈の西側からバイカル湖に突き出しているスビャトーイ・ノース（聖なる鼻という意味）半島（図1）とバルグジン川の間は、湖岸は砂浜、その東側の内陸は湿地帯である（写真20）。ここでもテント生活を送った。比較的、蚊が多かったが、ウラル山脈での経験ほどではなかった。

ザバイカルの南東部にはステップが広がり、モンゴルまで続く（写真21）。モンゴルとの国境のロシア側には、人口約2万人を有すキャフタの町がある。1727年に、ロシア帝国と清国との間で締結されたキャフタ条約により、この町は貿易の要所として栄えた。その郷土博物館には、キャフタの歴史やステップに生息する動物の標本が展示されている。

第8章　極東とシマフクロウ

極東の動物

ザバイカルの東には「極東」が広がる。その範囲は考え方によって様々であるが、極東ロシアといえば、ザバイカルの東側のロシアすべて（北極海、ベーリング海峡、オホーツク海、アムール川に囲まれた地域やサハリンなど）を指す。第6章で紹介したベレゾフカのマンモスの発掘地点は、極東の北東端の地域にあたる（第7章図1参照）。さらに、広義の極東と言えば、ロシアの南にある、中国東部、朝鮮半島、日本も含まれ、東南アジアまでを指す場合もある。本章では、主に極東ロシアと日本との動物地理学的関係を考えることにしたい。

第1章では、日本の津軽海峡が、生物地理境界線としてブラキストン線と呼ばれていることを紹介した。それは、北海道が最終氷期末の約1万年前まで（サハリン島を経て）北ユーラシア大陸と陸橋で結ばれていたため、北海道には北ユーラシア大陸と共通した動物種が多いことに

写真1　トーマス・ブラキストン．北海道大学植物園博物館・加藤克助教提供

基づいている。この生物地理境界線名であるブラキストン線は、トーマス・ブラキストン（１８３２〜１８９１年）に由来している。彼は、幕末から明治初期である１８６３年から１８８４年までの約20年間、北海道の函館に居住したイギリス人である。貿易等の仕事に従事する傍ら、周辺の鳥類を中心として捕獲・標本作製を行い、イギリスの自然史博物館にも送っていたナチュラリストでもあった（写真1）。ブラキストンが収集した鳥類標本の一部は、北海道大学の植物園博物館にも収蔵されている。

このブラキストン線が示す北海道と共通の北方系動物が分布する大陸の地域は、極東ロシアの範囲である。極東ロシアと北海道の間にはサハリン島が位置している。大陸とサハリンの間には間宮海峡（タタール海峡とも呼ばれる）がある。長さは約６６０キロメートル、最も狭いところの幅は７・３キロメートル、深さは浅いところで10メートル以下であるため、冬期間に凍結する場所もある。また、サハリンと北海道の間には、宗谷海峡（ラ・ペルーズ海峡とも呼ぶ）があり、最深部でも約70メートルで、最も狭い部分の幅は約42キロメートルである。海水準変動の研究によると、両海峡は最終氷期には陸橋化しており、最終氷期が終わる約1万年前以降に海峡が形成されたと考えられている。その陸橋が成立している間に、大陸と北海道の間で動物の往来があったため、北方系動物群が北海道に見られるのである(第1章図3参照)。

しかし、最近の研究により、極東大陸と北海道の動物相には、共通性のみではなく相違点もあることが明らかになってきた。

第5章で紹介した北海道ヒグマに関して言えば、その祖先は大陸からやってきたと考えられるが、最後(3番目)に渡来したと思われる道北‐道央系列のヒグマ(クレード3a2)は、現在の極東ロシアやサハリンに生息するヒグマ(クレード3a1)の系統と約5万年前に分岐している。サハリンのヒグマは北海道ではなく、大陸のヒグマに近い。この分岐年代自体が多めに見積もられている可能性も否定できないが、陸橋を経て北海道へ渡る前後に分化したクレード3a2は、海峡により形成された北海道の島に隔離され遺伝的に分化したということになる。さらに、これは間宮海峡が宗谷海峡よりもより最近までつながっていたことを示している。一方、極東ロシアの広い地域にまたがり、クレード3a1が分布している。

極東ロシアの大陸には生息するが、北海道には生息しない動物もいる。よく知られた動物としては、トラ(*Panthera tigris*)、ヒョウ(*Panthera pardus*)、オオヤマネコ、アムールヤマネコ

(*Prionailurus bengalensis euptilurus*)などは大陸種である。ただし、オオヤマネコの骨は、北海道を含めた日本列島の縄文期の遺跡から出土しているため、縄文期までに日本列島に生息したが、その間に絶滅したと考えられている。また、極東ロシアでは比較的個体数が多く、現存しているユーラシアカワウソ(*Lutra lutra*)は、北海道では明治以降に絶滅した。

北海道の動物地理学的歴史を明らかにするには、どうしても大陸の動物集団との比較解析が不可欠である。

ウラジオストク

日本海を挟んでの極東ロシアにある都市としては、ウラジオストクがある。この町は、1860年に建設された。人口は約60万5000人である。町の名前にその歴史が感じられる。ウラジはロシア語で「支配する」、そして、ヴォストークはロシア語で「東」を意味する。つまり、西方から東方へ進出した末にウラジオストクが建設されたということになろうか。1893年にはウラジオストクに鉄道がつながった。西方から見れば、ここはシベリア鉄道の終着駅であり、東方から見れば、ここが始まりである。ウラジオストクは入江に富んだ港町であり、ロシア革命後の混乱の時代には、日本人を含めた外国人の町があった。現在でも、ウラジオストクは、日本に最も近い「ヨーロッパ」の町と言えるかもしれない(写真2、口絵37)。

前述のように、1878年7月末から10月初旬までの二カ月余りの間、『シベリア日記』を記しながらロシアを横断した榎本武揚は、ウラジオストクに到着後、汽船により日本に帰国している。一方、ロシア東西を往復した大黒屋光太夫は、ウラジオストクを訪れていない。光太夫らはサンクトペテルブルクからの帰路、イルクーツクを経てオホーツク海沿岸のオホーツクの町に到着後、1792年、そこでエカテリーナ号が造船され、帰国のため根室へ到着している。

写真2 (上)ウラジオストク駅．シベリア鉄道の終着点であり出発点でもある
(下)冬の魚の露店．ウラジオストクの町にて

ウラジオストクの町中には、極東の自然と歴史を伝える沿海地方国立アルセーニエフ博物館がある。この

館名は、ウラディミール・アルセーニエフ（1872〜1930年）にちなんで付けられたものである。彼は、極東地域の探検家で、この地域の自然について様々な探検記録を発表している。その中でも、よく知られた著書に『デルス・ウザーラ』がある。デルス・ウザーラは、アルセーニエフがシベリア沿海地方を探検した時に案内役を務めた先住民の猟師であった。この著書では、沿海地方の豊かな自然の中での二人の交流が描かれている。二人には、シベリアの自然に対して共感するものがあったのであろう。この記録は、黒澤明監督の同名の映画にもなり、世界的に知られている。さらに、ウラジオストクの町の中心から少し離れた住宅地には、アルセーニエフの家記念館がある。アルセーニエフが実際に住んでいた家を記念館にしたもので、彼が調査に使用したテント等のキャンプ用品や著書等が展示されている（写真3）。

ウラジオストクは、極東地域における学術の中心地でもある。極東ロシア最大の総合大学である極東連邦大学がある。さらに、様々な生物学研究に取り組む研究機関として、ロシア科学アカデミー極東支部東アジア生物多様性研究センター（旧生物土壌学研究所）がある（写真4）。以下に、この研究所との共同研究を紹介する。

アジア最大のフクロウ、シマフクロウ

極東に固有の鳥類の一種としてシマフクロウがあげられる。成鳥の体重は約3〜4キログラム、体高約70センチメートル、広げた翼開長は約180センチメートルにもなるアジアで最大のフクロウである。シマフクロウは、島嶼《とうしょ》では北海道および南千島のクナシリ島に分布する。一方、極東大陸では沿海地方とその北部のオホーツク海沿岸地域に分布している(図1)。

写真3　アルセーニエフの家記念館，ウラジオストクにて

写真4　ロシア科学アカデミー極東支部東アジア生物多様性研究センター，ウラジオストクにて

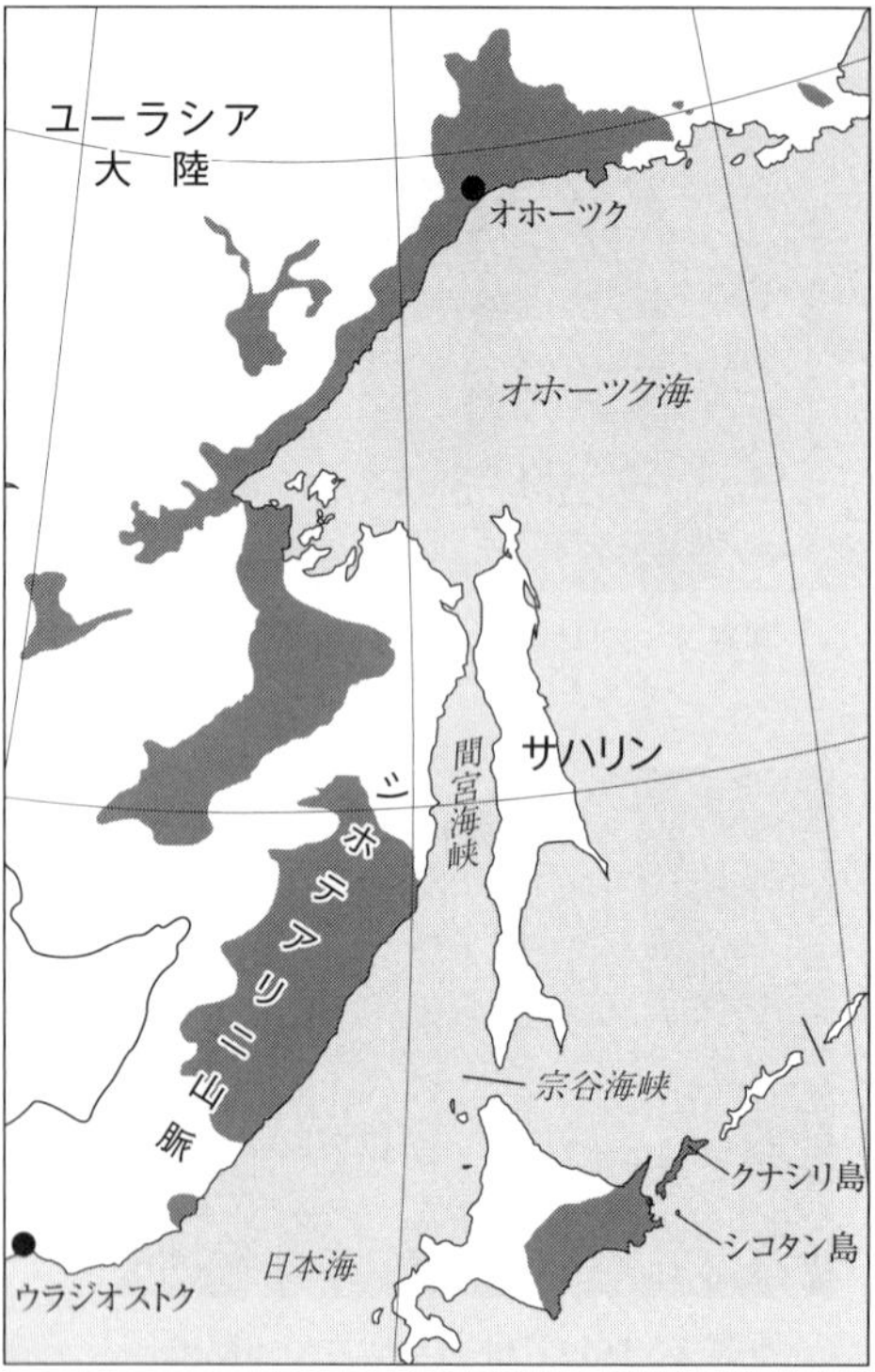

図1　極東におけるシマフクロウの分布
（濃いグレーの部分）

シマフクロウの英名はBlakiston's fish owl、学名は*Bubo*（＝*Ketupa*）*blakistoni*であり、トーマス・ブラキストンの名前が使われている。前述したように、ブラキストンは、幕末から明治初期にかけて北海道に滞在している間、様々な鳥類を採集した。その中に含まれていたシマフクロウは、それまでに分類学的に記載されていなかったため、学名にブラキストンが献名されたのである。また、第3章で紹介した『ファウナ・ヤポニカ』では、シマフクロウは登場しない。これは、長崎の出島にいたシーボルトが、遠隔地の北海道に生息しているシマフクロウの存在を知ることがなかったためであろう。シマフクロウは、北海道のアイヌ語ではコタン・コロ・カムイと呼ばれており、その意味は、「コタン(集落)を守る神様」である。アイヌ文化では、動物儀礼の対象にもなってきた。シマフクロウは、現在、二つの亜種に分類されている。北海道、南千島を含む島嶼集団の亜種名は *Bubo blakistoni blakistoni* であり、もう一方の大陸集団は別亜種

写真5　(上)北海道のシマフクロウの生息環境
(下)シマフクロウの足跡

Bubo blakistoni doerriesi にされている（口絵38、39）。

北海道では、生息地の分断化や消滅に伴って個体数が減少し、１９８０年代には１００羽以下に減少したと考えられている。シマフクロウは１９７１年に国の天然記念物に指定された。１９９３年に「種の保存法」が施行された際に指定された国内希少野生動植物種に、シマフク

写真6　(上)沿海地方のシマフクロウの生息環境．針広混交林が広がる
(下)シホテアリニ山脈でのシマフクロウの生息環境．魚類が豊富な河川が必要だ．ともに，シマフクロウ環境研究会・竹中健代表提供

ロウも含まれている。環境省を中心として保護対策が進められており、現在、その個体数は約百数十羽までに回復している。南千島のクナシリ島とシコタン島の集団を含めると島嶼集団(*B. b. blakistoni*)の個体数は、約200羽と推定されている。一方、大陸集団(*B. b. doerriesi*)の個体数は、800〜1600羽と見積もられている。

シマフクロウは、魚食性の高いフクロウであるため、その生息地として、魚類が豊富でかつ浅い河川を必要とする。また、直径1メートル以上の巨木の樹洞に巣をつくるため、繁殖場所にはそのような条件を備えた原生林のような古い森林が必要である(写真5)。しかし、特に北海道では、明治以降の開発のためにこのような森林が減少したため、シマフクロウの個体数も減少したと考えられている。一方、シマフクロウの大陸集団は、自然環境が残された極東ロシアのシホテアリニ山脈を中心に生息している。北海道のシマフクロウの個体数や自然環境の回復には、その動物地理学的歴史を解明しながら、大陸集団の特徴や自然環境と比較研究することが重要である(写真6)。

大陸集団と北海道集団の比較研究

私たちの研究グループは、1970年代から北海道のシマフクロウの遺伝学的研究を行って

写真７　ロシア科学アカデミー極東支部東アジア生物多様性研究センターにてシマフクロウ標本を調査する Sergei Surmach 研究員．北海道大学・甲山哲生研究員提供

きたため、そのデータやサンプルの蓄積に基づきながら、動物地理学的な研究を進めてきた。さらに、２０１２年から２０１４年にかけて環境省環境研究総合推進費（シマフクロウ・タンチョウを指標とした生物多様性保全－北海道とロシア極東との比較：代表　北海道大学農学研究院・中村太士教授）が採択され、私たちはサブテーマとして「遺伝的多様性と近交弱勢解析」を集中的に調べることとなった。

　ロシア側では、前述の東アジア生物多様性研究センターのセルゲイ・スルマチ（Sergei Surmach）研究員がシマフクロウを含む鳥類の研究に精力的に取り組んでいる（写真７）。シマフクロウ調査を長年進め、ロシアのシマフクロウ環境研究会・竹中健博士も含めた私たちのグループは、スルマチ研究員との共同研究として、極東ロシアと北海道のシマフクロウの比較解析を開始した。

　それまでに二つの亜種間で見出されていた違いは、大陸集団の個体の背中上部には白い羽があるのに対し、島嶼集団ではそれがないことである(写真8)。さらに、雌雄間のコミュニケーションのために発する鳴き声のパターンが亜種間で異なっていると報告されていた。そこで、私たちは、両亜種の集団について、ミトコンドリアDNAの全塩基配列を決定し、分子系統学的に比較解析した。その結果、大陸産と北海道産の間には明瞭な遺伝的分化が見られ、その分岐年代は今から約67万年前と推定された(図2)。この分岐年代は、第5章で紹介した全世界のヒグマにおける西系統と東系統の分岐年代(約56万年前)よりも前の時代に相当する。さらに、最後に間宮海峡や宗谷海峡が形成された最終氷期後よりずっと前の時代に相当する。一方、大陸集団内でも北海道集団内でも、今から約1万年前に多様化したと考えられた。シマフクロウは森林性の鳥類なので、最終氷期とそれ以降の極東における森林の発展や後退、そして、その中の自然環境の変遷に大きく依存しながら、ゆっくりと移動し定着したことの現れであろう。

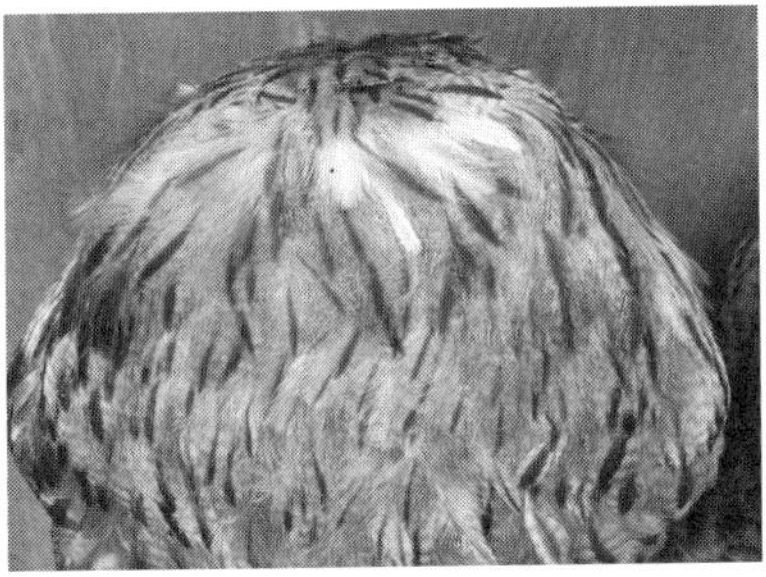

写真8　大陸産シマフクロウは背中に白い羽根をもつ．ロシア科学アカデミー極東支部東アジア生物多様性研究センターにて

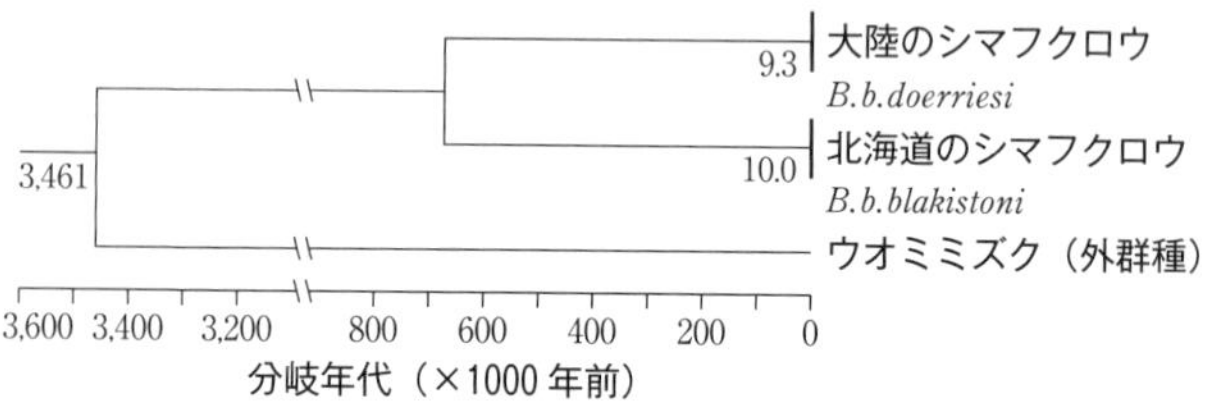

図２　シマフクロウの極東大陸産と北海道産の系統樹．ミトコンドリアDNAの全遺伝情報に基づく．両者は約67万年前に分かれ，各集団内では約１万年前に分化したと考えられる．Omote et al.(2018)より

北海道集団における多様性の変遷

サハリンのシマフクロウの生息については、近年、情報がないようである。また、南千島のクナシリ島やシコタン島の集団についても情報が乏しいため、今後の研究が是非とも必要である。北海道では、前述した環境省を中心とするシマフクロウの保全事業として、１９７０年以降毎年、幼鳥に足環を付けるバンディングの際に、健康診断や分析のために血液や皮膚組織が採取され保存されてきた（写真９）。さらに、各地の博物館や資料館に保管されている１００年以上前の剥製標本から数枚の羽を提供していただき（写真10）、母系遺伝するミトコンドリアＤＮＡ分析が進められた。これらの標本を調べていくと、１９６４年以前には石狩低地帯から北海道東部まで各地に多様な遺伝的特徴をもつシマフクロウが分布していたことがわかってきた。さらに、その時代には遺伝子タイプの種類も多かったが、時代を経るに従って、その種類が減少し、かつ、分断化された

各地域集団（大雪、日高、阿寒、根釧、知床）ごとに遺伝子タイプが同じ種類になる（固定化する）傾向があることが明らかになった。また、両性遺伝するマイクロサテライトDNAの分析でも、各地域集団内で多様性が低下していた。特に、個体数が最も減少した1980年代には遺伝的多様性も低下したが、個体数が増加するに従い、多様性も回復傾向にある。さらに、免疫機能を担う主要組織適合遺伝子複合体（MHC）遺伝子の多様性が低下していることも明らかとなった（図3）。これらは、分断化した集団内での近親交配またはボトルネック効果（個体数が急激な減少後回復した際に、集団内の遺伝的多様性が減少すること）によるものと考えられる。それに対し、大陸産シマフクロウのMHCの多様性は、北海道内の

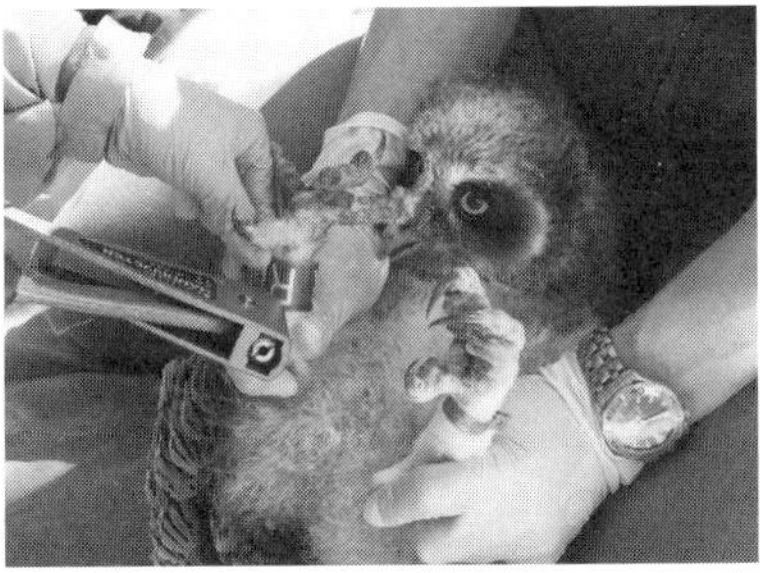

写真9　北海道のシマフクロウ幼鳥のバンディング．竹中健博士提供

写真10　北海道大学植物園博物館で100年以上前の剝製から羽のサンプリングを行う．加藤克助教・協力

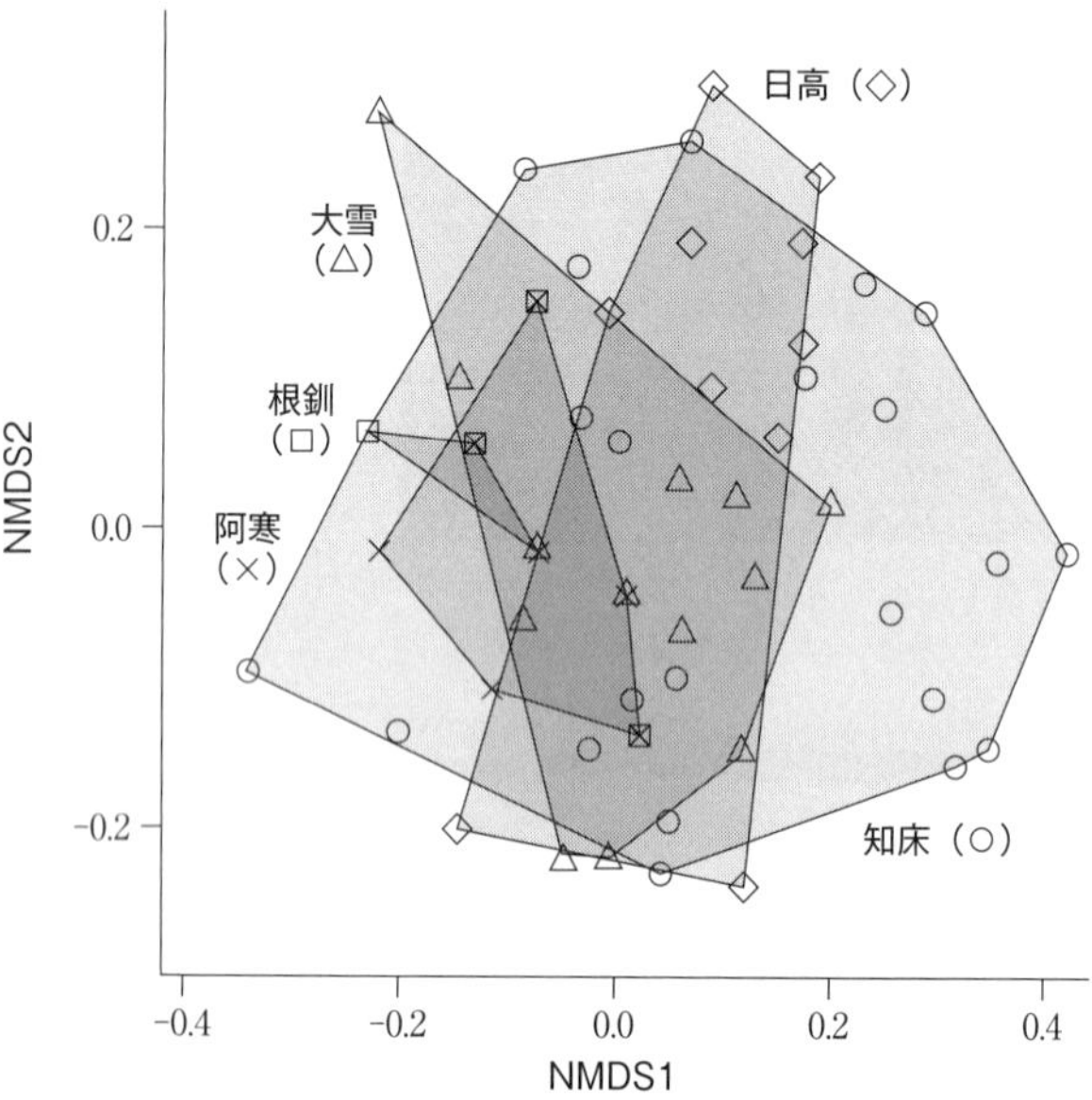

図 3　シマフクロウの各地域集団における主要組織適合遺伝子複合体(MHC)クラス IIB 遺伝子の多様性．面積が狭いほど多様性が低い．Kohyama et al.(2015)より

各地域集団の多様性よりもより高いことがわかった。北海道のシマフクロウは、急激な環境変動に対し適応できない危険な状態にあるのかもしれない。これらの動物地理学的データは、今後のシマフクロウの保全を考える上でも重要な情報をもたらしている。なお、私たちの研究室から発表した投稿論文にちなんで、シマフクロウの幼鳥の姿が日本動物学会英文誌 Zoological Science の表紙となっている(写真11)。

写真 11 シマフクロウ研究論文が掲載された Zoological Science 誌：29 巻 5 号(2012 年)(右)，34 巻 6 号(2017 年)(左)．ともに竹中健博士撮影

絶滅危惧種の保全

シマフクロウが位置付けられている絶滅危惧種とは、絶滅の恐れのある種のことである。第6章では、進化上の五つの大量絶滅を紹介した。しかし、絶滅危惧種は、人間活動によって引き起こされている六つめの大量絶滅の危機に瀕しているものである。絶滅危惧種は、図4に示すように「絶滅の渦」に巻き込まれ、絶滅していく可能性が高まっている。「個体数の減少」、「遺伝的多様性の低下」、「適応力の低下」が悪循環を起こしていくため、この三つの要因を回復させることができれば、絶滅への道を回避できるかもしれない。そのために、保全活動が行われている。最近の生物学には、「保全生物学」、「保全生態学」、「保全遺伝学」という分野が生

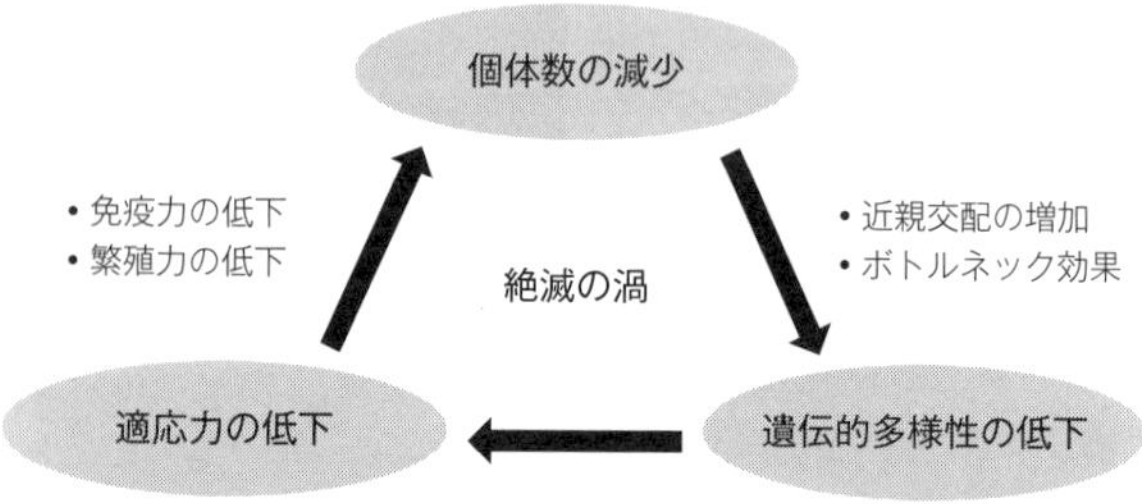

図4　絶滅の渦．Frankham et al.(2010)より

まれている。従来の生態学や遺伝学では、調査分析に基づき、仮説を実証したり、新しい学説を考え出すことで目的が達成された。しかし、保全が目的となると、基礎的な生物学の中だけでは完結せず、答えも一つではない。また、保全活動では種の間に優先順位がつけられるが、進化の過程では、種の価値に優劣はないと考えられる。しかし、種の保全には緊急性を要することが多いことも事実である。保全生物学が取り組まねばならない難しい側面でもある。

一方、シマフクロウは、極東の森林生態系での「アンブレラ種」といわれる。アンブレラ種とは、生態系ピラミッドの頂点に立つ消費者であり、それを健全に保護することにより、その生息地域において傘(アンブレラ)を広げたように展開する生態系全体を保全することができると考えられている。つまり、種を保全するためには、生態系の保全も伴わなければならない。これには、自然が残されている極東大陸の自然環境も参考になるであろう。

しかし、北海道では、営巣できるような樹洞をもつ太い古木がまだ十分に回復されていないため、保護事業として人工の巣が取り付けられ、シマフクロウはそれを頻繁に利用しているのが現状である(写真12)。

これまで述べたように、北海道におけるシマフクロウの各地域集団では、遺伝的多様性が低下していることが明らかになった。しかし、北海道内での個体数も遺伝子型も限られている。

写真12 古木にシマフクロウ繁殖用の人工巣が取り付けられる．北海道にて．竹中健博士提供

その上で、どのようにして、遺伝的多様性を回復できるだろうか？　これには、地域集団間を個体が自然に移動し、遺伝子流動が起こることが効果的であろう。そのためには、現在の生息地の間で、シマフクロウが移動できる森林の回廊(コリドー)ができることが有効である。これが困難であれば、捕獲個体を人

の力で移動させることが必要になるかもしれない。自然分布している地域を「生息域内」、飼育繁殖を行っている動物園等を「生息域外」と呼ぶことがある。生息域内の保全に加えて、生息域外での繁殖や繁殖個体を使った野生復帰等の保全活動も想定され始めている。このような保全活動を効果的に進めるには、自然環境が豊富に残っている極東大陸の動物集団の特徴と生態系の情報に加え、大陸と北海道の間の動物地理学的歴史に関する情報が重要な役割を果たすものと考える。

終章　旅のおわり——動物地理学の未来

この紀行では、日本から見ると一軒置いたお隣の国フィンランドを出発した後、お隣の広大な隣国ロシアへ進むこととなった。ロシアでは、古都サンクトペテルブルクに始まり、ヴォルガ川水系のサマーラ、ジグリ自然保護区、北に向かいキーロフ、その後、ウラル山系のエカテリンブルクと北部のビジャイ、ウラルを越えたシベリアのトボリスク、バイカル湖畔のイルクーツク、ザバイカルのステップ、そして、極東のウラジオストクへと巡り、北海道へと戻ってきた。訪問した各地で交流し学んだことや考えたことについて、記録と記憶をたどりながら語ってきた。このユーラシアの西から東への移動は、必ずしも実際に訪問した地域の順番や季節の順序と一致するわけではない。また、私は地理や歴史の専門家ではないが、本書では、明治初期に『シベリア日記』を記しながらシベリアを旅した榎本武揚や、帰国を夢見ながらシベリアを往復した大黒屋光太夫の足跡も時々たどりつつ、そこに広がる雄大な自然や文化に触れ、動物地理学の今後について考えた。

マクロな視点とミクロな視点

動物の移動の歴史の解明は、動物地理学が求める最終目標である。通常、動物の分布とは、現在の生息地の平面的な広がりを指している。その動物の分布を把握しておくことは、野生動物の進化や生態を研究するうえでの基本条件である。これまでの動物地理学は、島嶼や大陸レベルでの生息域を対象としてきた。つまり、従来の動物地理学は、世界地図や日本列島の地図で把握できるようなマクロな地域を対象とするものであり、分類学や進化学もこのような研究に取り組んできた。

一方、動物種や集団(個体群)は、所属する個体の集まりである。よって、種や集団の分布と移動の歴史は、たとえ広大なシベリアであっても、各個体の毎日の移動の積み重ねと世代交代による結果として生じている現象である。よって、動物の個体レベルの行動を研究対象とすることも「ミクロな動物地理学」として捉えることができるであろう。このミクロな動物地理学の研究に取り組んでいるのは、主に行動生態学者である。たとえば、個体に取り付けた電波発信機の情報を追いながら行動圏を調査する研究が進んでいる。第4章で紹介したカメラトラップを使った研究もその一例である。動物の個体から落とされた糞、尿、体毛など、動物を捕獲しなくても採取できる非侵襲的サンプルを用いたDNA分析により個体を識別し、その行動範囲を推定する研究も行われている。今後は、この生態学的側面からのミクロな動物地理学と従来のマクロな動物地理学とが歩み寄り、様々な空間スケールで互いの情報を交換することにより、新しい動物地理学が発展するものと考える。

過去から現在への変遷

さらに、幅広い時間的スケールの研究を展開することも重要だ。現在の動物の特徴は、現在の動物を調べることによってわかる。一方、過去の動物を知るためには、過去の動物を直接調べることが必要である。その時間的スケールにもよるが、現生種とも共通性が高い更新世の動物化石を対象とした古生物学により、動物地理学的考察が深まると考えられる。第6章で紹介したように、マンモス動物群の化石研究により、シベリアにおける動物相の変遷が解明されてきた。また、完新世における考古学的遺跡からも膨大な動物骨が発掘されており、動物分布の変遷を明らかにするための重要な情報をもたらしている。さらに、化石や遺跡出土骨を用いた古代DNA研究により、過去から現代への系統をたどることができるようになり、絶滅種や絶滅集団の系統進化的位置が明らかにされつつある。

伝統的手法と新しい技術

本書で語ってきたように、動物地理学の研究手法にも多様性がある。動物の形態計測には、伝統的に使用されているノギスが威力を発揮しているが、それに加えて、デジタル画像による解析も行われるようになった。

分子系統解析においても、遺伝子増幅法やその他のDNA分析技術の開発、分子進化学的理論やコンピュータソフトウェアの確立などにより、種や集団の系統関係がより詳細にわかるようになった。化石を用いた古代DNA分析も可能になった。さらに、開発が進む次世代シーケンサを導入することにより、ゲノム全域にわたる遺伝情報を用いることができるようになった。今後、これらの新技術は動物地理学に大いに盛り込まれていくことになるだろう。

種の保全

このように、幅広い空間的・時間的スケールで動物地理学の成果が蓄積されていくことが期待される。その知見は、動物種や集団の未来の姿を推測することに貢献できるであろう。第8

章で紹介したように、人間活動は現代の生物たちに対して六つ目の大絶滅を引き起こしており、その種と生態系を保全することが緊急の課題になっている。動物地理学は、今後の動物集団のあり方を考えるうえで重要な基礎的データを提供できる。本書では、絶滅危惧種シマフクロウを例にして、大陸と北海道の集団間の系統進化的関係や遺伝的多様性の評価について紹介したが、このような研究は絶滅危惧種に限らずすべての動物種について進められるべきであろう。さらに、人間活動によって引き起こされている外来種問題も、解決していかねばならない社会問題となっている。外来種の起源と渡来ルート、そして新天地での拡散状況の把握は、今後、動物地理学が果たしていくべき領域である。

国際交流と学際交流

動物地理学は、様々な地域の動物集団を対象とするため、国内外での共同研究を進める必要がある。西ヨーロッパの国々では、近隣諸国との横のつながりが強く、伝統的に共同研究が進められてきた。しかし、日本は島国であり、これまで日本列島内の動物集団のみを対象とした動物地理学研究が比較的多かった。確かに、生物多様性の宝庫である日本列島では、その固有種や固有集団を対象にした日本独自の動物地理学をさらに発展させることができる。そのためには、本書でも示したように、広大なシベリアを含むユーラシア大陸の動物との比較研究が必要であり、ロシアなど大陸の研究者との研究交流は不可欠である。その研究過程で、地理的に隔離された日本列島では見られないような進化的現象がユーラシア大陸で明らかにされることもある。第4章で紹介したヴォルガ水系でのアジアアナグマとヨーロッパアナグマの雑種化の発見はその一例である。

極東全域に目を向ければ、ロシアに加え、中国や朝鮮半島、台湾、フィリピン、東南アジアの国々を含めた共同研究が、動物地理学の発展につながる。今後さらに、国際的な共同研究のネットワークの確立が重要である。

一方、異分野間の学際的交流が新しい視点を生み出すことに期待する。たとえば、従来の寄生虫学は、主に病理学的視点から進められてきた。しかし、寄生虫は宿主と共存しながら進化してきたので、両者間には密接な関係が成立している。北半球に広く分布するアカギツネを終宿主、げっ歯類を中間宿主とする寄生虫エキノコックスが知られている。この三者間の関係はいつから成立したかまだ明らかではないが、このような寄生者と宿主の関係も宿主の移動とともに変遷してきたと思われる。その他にも、生態系では、捕食者と被食者と寄生虫の間の密接な関係が知られている。また、コウモリや渡り鳥の寄生虫は、遠隔地を移動しているであろう。

このような現象を対象とする動物学と寄生虫学との学際的研究は、新しい動物地理学的な視点や疫学的な視点を見出すことにつながるものと考える。そのためには、やはり、ユーラシア大陸と日本列島の比較研究が有効である。

左から，遺伝学の本を持つ著者，共同研究で調べてきたロシアの動物たち（ヒグマ，アナグマ，シベリアイタチ，イイズナ）．アブラモフ博士からの贈り物

ここにロシアの伝統的な民芸品「マトリョーシュカ」がある（写真）。マトリョーシュカは木をくり抜いて作られた人形であるが、その中に、再び小さな人形が入っている。さらに、その中には、もっと小さな人形が入っている。さらに、その中には……というように、その中身には果てがない。それは、あたかも人が抱く学問の世界への尽きない好奇心のようでもある。「動物地理学」、そして、「ユーラシア」という響きがいざなってくれる旅をいったんここで終えることにしたい。

あとがき

札幌からフィンランドやロシアを空路で訪問するには、半日以上のフライトを利用しなければならない。また、ロシアへの入国には、事前に先方の研究機関から招へい状を取り寄せ、日本にあるロシア領事館で査証発行の手続きをしなければならない。この時からすでに旅は始まっている。シベリアの夏は清々しいが、本書でも紹介したように、タイガの森では自然の猛威が振るう。冬のシベリアも然りである。滞在を終えて、帰国する時にはいつも、「もう二度と来ることはないだろう」という気分になる。しかし、自分でもよくわからないのだが、帰国後、再び普段の生活に戻り、一カ月、二カ月と経つうちに、なぜかシベリアのことが気になり始め、再び、訪れることを何度も繰り返してきた。その気持ちにさせるものは何なのだろうか？　ユーラシア大陸の広大な自然だろうか？　または、そこに生活しているおおらかで温かい人たちとの出会いなのかもしれない。

本書には興味深い写真を数多く掲載させていただいた。写真の提供者の方々には、感謝の意を込めて、その都度、本文中または写真とともに明記させていただいた。提供者の明記がない写真は私が撮影したものである。

これまでお世話になってきた海外共同研究者の方々は、本文の中で紹介させていただいた。折しも、アレクセイ・アブラモフ博士は本年一一月から二カ月間、北海道大学低温科学研究所の招へい研究員として滞在されており、いろいろな議論を重ねることができた。北海道大学総合博物館元教授の天野哲也先生からも様々なご助言をいただいた。ここに深く御礼申し上げる。海外調査に同行し、いろいろな局面で助け合ってきた北海道大学の大舘智志博士、西田義憲博士、当研究室の学生のみなさんにも感謝する。また、ロシア科学アカデミーの各研究所、フィンランド国立自然史博物館、北海道大学理学部事務部、北海道大学欧州ヘルシンキオフィスのスタッフの方々にも大変お世話になってきた。これまでの海外調査は、日本学術振興会・科学研究費補助金、日本学術振興会・二国間共同研究(ロシア)、北極域研究共同推進拠点研究者コミュニティ支援事業、秋山記念生命科学振興財団等の助成を受けてきた。

本書の企画の段階から大変お世話になった岩波新書編集部・島村典行氏に深く御礼申し上げる。

最後に、日頃から迷惑をかけている家族に、この場を借りて感謝したい。

二〇一八年一二月　師走の札幌にて

増田隆一

引用・参考文献

アルセーニエフ，V.(長谷川四郎訳)(1965)『デルスウ・ウザーラ ── 沿海州探検行』，平凡社.
アルセニエフ，V.(加藤九祚訳)(1975)『デルス・ウザーラ』，角川文庫.
石野裕子(2017)『物語 フィンランドの歴史 ── 北欧先進国「バルト海の乙女」の800年』，中公新書.
井上靖(1974)(新装版2014)『おろしや国酔夢譚』，文春文庫.
ヴェレシチャーギン，N.K.(金光不二夫訳)(1981)『マンモスはなぜ絶滅したか』，東海大学出版会.
榎本武揚(講談社編)(2008)『シベリア日記』，講談社学術文庫.
榎本武揚(諏訪部揚子，中村嘉和編注)(2010)『現代語訳 榎本武揚 シベリア日記』，平凡社ライブラリー.
大田憲司(2002)『シベリアの至宝 バイカル湖(ユーラシア・ブックレット40)』，東洋書店.
桂川甫周(亀井高孝校訂)(1990)『北槎聞略 ── 大黒屋光太夫ロシア漂流記』，岩波文庫.
加藤九祚(1974)『シベリアに憑かれた人々』，岩波新書.
小町文雄(2006)『サンクト・ペテルブルク ── よみがえった幻想都市』，中公新書.
沢田健ほか(2008)『地球と生命の進化学 新・自然史科学I』，北海道大学出版会.
土肥恒之(2016)『興亡の世界史 ロシア・ロマノフ王朝の大地』，講談社学術文庫.
フィッツェンマイヤー，E.W.(三保元訳)(1971)『シベリアのマンモス ── サンガ・イウラッフおよびベレゾフカ川畔のマンモス発見』，法政大学出版局.
福田正己(1996)『極北シベリア』，岩波新書.
北海道北方博物館交流協会編(加藤九祚監修)(2000)『20世紀夜明けの沿海州 ── デルス・ウザーラの時代と日露のパイオニアたち』，北海道新聞社.
増田隆一，阿部永編著(2005)『動物地理の自然史 ── 分布と多様性の進化学』，北海道大学出版会.
増田隆一(2017)『哺乳類の生物地理学』，東京大学出版会.

増田隆一編(2018)『日本の食肉類――生態系の頂点に立つ哺乳類』,東京大学出版会.
吉村昭(2005)『大黒屋光太夫(上・下)』,新潮文庫.

Abramov A.V.(2002)Variation of the baculum structure of the Palaearctic badger(Carnivora, Mustelidae, *Meles*). Russian Journal of Theriology 1: 57-60.
Abramov A. and Borisova N.(eds.)(2001)Fauna and Ecology of the Mammals of Transbaikalia. Proceedings of the Zoological Institute, Russian Academy of Sciences, Saint-Petersburg(in Russian with English abstracts).
Frankham R. et al.(2010)Introduction to Conservation Genetics, Cambridge University Press, Cambridge, UK.
Hewitt G.M.(1999)Post-glacial re-colonization of European biota. Biological Journal of the Linnean Society 68: 87-112.
Hirata D. et al.(2013)Molecular phylogeography of the brown bear(*Ursus arctos*)in northeastern Asia based on analyses of complete mitochondrial DNA sequences. Molecular Biology and Evolution 30: 1644-1652.
Hirata D. et al.(2014)Mitochondrial DNA haplogrouping of the brown bear, *Ursus arctos*(Carnivora: Ursidae)in Asia, based on a newly developed APLP analysis. Biological Journal of the Linnean Society 111: 627-635.
Kangas V. et al.(2015)Evidence of post-glacial secondary contact and subsequent anthropogenic influence on the genetic composition of Fennoscandian moose(*Alces alces*). Journal of Biogeography 42: 2197-2208.
Kinoshita E. et al.(in press)Hybridization between the European and Asian badgers(*Meles*, Carnivora)in the Volga-Kama region, revealed by analyses of maternally, paternally and biparentally inherited genes. Mammalian Biology.(DOI: 10.1016/j.mambio.2018.05.003)
Kohyama T.I. et al.(2015)Spatial and temporal variation at major histocompatibility complex class IIB genes in the endangered Blakiston's fish owl. Zoological Letters 1: 13.(DOI: 10.1186/s40851-015-0013-1)
Kopatz A. et al.(2014)Admixture and gene flow from Russia in the re-

covering northern European brown bear (*Ursus arctos*). Plos ONE 9: e97558. (Doi: 10.1371/journal.pone.0097558)

Masuda R. et al. (2016) Ancient DNA analysis of marmot tooth remains from the Shamanka II and Lokomotiv-Raisovet cemeteries near Lake Baikal: species identification and genealogical characteristics. Quaternary International 419: 133–139.

Nakamura F. (ed.) (2018) Biodiversity Conservation Using Umbrella Species, Springer, Singapore.

Nishita Y. et al. (2017) Diversity of MHC class II *DRB* alleles in the Eurasian population of the least weasel, *Mustela nivalis* (Mustelidae: Mammalia). Biological Journal of the Linnean Society 121: 28–37.

Noro M. et al. (1998) Molecular phylogenetic inference of the woolly mammoth *Mammuthus primigenius*, based on complete sequences of mitochondrial cytochrome b and 12S ribosomal RNA genes. Journal of Molecular Evolution 46: 314–326.

Omote K. et al. (2012) Temporal changes of genetic population structure and diversity in the endangered Blakiston's fish owl (*Bubo blakistoni*) on Hokkaido Island, Japan, revealed by microsatellite analysis. Zoological Science 29: 299–304.

Omote K. et al. (2017) Duplication and variation in the major histocompatibility complex genes in Blakiston's fish owl, *Bubo blakistoni*. Zoological Science 34: 484–489.

Omote K. et al. (2018) Phylogeography of continental and island populations of Blakiston's fish-owl (*Bubo blakistoni*) in northeastern Asia. Journal of Raptor Research 52: 31–41.

Rogaev E.I. et al. (2006) Complete mitochondrial genome and phylogeny of Pleistocene mammoth *Mammuthus primigenius*. Plos BIOLOGY 4: e73. (DOI: 10.1371/journal.pbio.0040073)

Ruiz-González A. et al. (2013) Phylogeography of the forest-dwelling European pine marten (*Martes martes*): new insights into cryptic northern glacial refugia. Biological Journal of the Linnean Society 109: 1–18.

Shiebold P.F. von. (ed.) Fauna Japonica: sive descriptio animalium, quae in itinere per Japoniam, jussu et auspiciis superiorum, qui summum in India Batava imperium tenent, suscepto, annis 1823–1830 collegit,

notis observationibus et adumbrationibus illustravit/auctore, Ph. Fr. de Siebold; conjunctis studiis C.J. Temminck et H. Schlegel pro vertebratis atque W. de Haan pro invertebratis elaborate. Lugduni Batavorum, Amsterdam[復刻版：日本動物誌 第3巻. 植物文献刊行会, 1934年].

Tashima S. et al.(2011) Phylogeographic sympatry and isolation of the Eurasian badgers(*Meles*, Mustelidae, Carnivora): implications for an alternative analysis using maternally as well as paternally inherited genes. Zoological Science 28: 293-303.

増田隆一

1960年，岐阜県生まれ．1989年，北海道大学大学院理学研究科博士後期課程修了（理学博士）．
アメリカ国立がん研究所研究員等を経て，
現在―北海道大学大学院理学研究院教授
専門―分子系統進化学，動物地理学
著作―『哺乳類の生物地理学』（東京大学出版会）
『日本の食肉類』（編著，東京大学出版会）
『ヒグマ学入門』（共編著，北海道大学出版会）
『動物地理の自然史』（共編著，北海道大学出版会）
『生物学』（共著，医学書院）ほか

ユーラシア動物紀行　岩波新書（新赤版）1757

2019年1月22日　第1刷発行

著　者　増田隆一《ますだりゅういち》

発行者　岡本　厚

発行所　株式会社　岩波書店
〒101-8002 東京都千代田区一ツ橋 2-5-5
案内 03-5210-4000　営業部 03-5210-4111
http://www.iwanami.co.jp/

新書編集部 03-5210-4054
http://www.iwanamishinsho.com/

印刷・精興社　カバー・半七印刷　製本・中永製本

ISBN 978-4-00-431757-9　Printed in Japan

岩波新書新赤版一〇〇〇点に際して

ひとつの時代が終わったと言われて久しい。だが、その先にいかなる時代を展望するのか、私たちはその輪郭すら描きえていない。二〇世紀から持ち越した課題の多くは、未だ解決の緒を見つけることのできないままであり、二一世紀が新たに招きよせた問題も少なくない。グローバル資本主義の浸透、憎悪の連鎖、暴力の応酬――世界は混沌として深い不安の只中にある。

現代社会においては変化が常態となり、速さと新しさに絶対的な価値が与えられた。消費社会の深化と情報技術の革命は、種々の境界を無くし、人々の生活やコミュニケーションの様式を根底から変容させてきた。ライフスタイルは多様化し、一面では個人の生き方をそれぞれが選びとる時代が始まっている。同時に、新たな格差が生まれ、様々な次元での亀裂や分断が深まっている。社会や歴史に対する意識が揺らぎ、普遍的な理念に対する根本的な懐疑や、現実を変えることへの無力感がひそかに根を張りつつある。そして生きることに誰もが困難を覚える時代が到来している。

しかし、日常生活のそれぞれの場で、自由と民主主義を獲得し実践することを通じて、私たち自身がそうした閉塞を乗り超え、希望の時代の幕開けを告げてゆくことは不可能ではあるまい。そのために、いま求められていること――それは、個と個の間で開かれた対話を積み重ねながら、人間らしく生きることの条件について一人ひとりが粘り強く思考することではないか。その営みの糧となるものが、教養に外ならないと私たちは考える。歴史とは何か、よく生きるとはいかなることか、世界そして人間はどこへ向かうべきなのか――こうした根源的な問いとの格闘が、文化と知の厚みを作り出し、個人と社会を支える基盤としての教養となった。まさにそのような教養への道案内こそ、岩波新書が創刊以来、追求してきたことである。

岩波新書は、日中戦争下の一九三八年一一月に赤版として創刊された。創刊の辞は、道義の精神に則らない日本の行動を憂慮し、批判的精神と良心的行動の欠如を戒めつつ、現代人の現代的教養を刊行の目的とする、と謳っている。以後、青版、黄版、新赤版と装いを改めながら、合計二五〇〇点余りを世に問うてきた。そして、いままた新赤版が一〇〇〇点を迎えたのを機に、人間の理性と良心への信頼を再確認し、それに裏打ちされた文化を培っていく決意を込めて、新しい装丁のもとに再出発したいと思う。一冊一冊から吹き出す新風が一人でも多くの読者の許に届くこと、そして希望ある時代への想像力を豊かにかき立てることを切に願う。

（二〇〇六年四月）